Hans Horsthemke und Michael Taxacher • Grundel-Fibel

Freilandbeobachtung von Klettergrundeln auf Neuguinea.

Foto: J. Graf

Hans Horsthemke und Michael Taxacher

Grundel-Fibel

Haltung und Zucht von Grundeln im Süß- und Brackwasser

Dähne Verlag

Fotonachweis:
Alle Fotos, außer den besonders gekennzeichneten, stammen von den Autoren.

Für die Bereitstellung von Fotos bedanken wir uns ganz herzlich bei:
Jutta Bauer, Friedrich Bitter, Dirk Godlinski, Johannes Graf, Hristo Hristov, Jens Kühne, Gunther Schmida, Andreas Wagnitz, Dave Wilson und Elke Weiand.

Bibliografische Information der Deutschen Bibliothek

Die Deutsche Bibliothek verzeichnet diese Publikation in der Deutschen Nationalbibliografie; detaillierte bibliografische Daten sind im Internet über http://dnb.ddv.de abrufbar.

ISBN 978-3-935175-89-0

Druck: Freiburger Graphische Betriebe
Printed in Germany

Kopfheben und „Sich-groß-Machen“ bei *Rhinogobius rubromaculatus*.

Inhalt

Einleitung

Mit mehr als 2200 Arten sind die Grundeln (Gobioiden) eine der größten Fischgruppen. Die meisten sind Meeresfische, aber viele interessante Arten haben auch das Süß- und Brackwasser als Lebensraum erobert. Trotzdem haben sie in der Süßwasseraquaristik, zu der in der Regel auch die Pflege von Brackwasserbewohnern gerechnet wird, lange Zeit nur eine sehr bescheidene Rolle gespielt.

Foto: F. Bitter

Grundeln aus der Gattung *Rhinogobius* sind in der Aquaristik sehr beliebt.

Dabei gibt es eine große Anzahl klein bleibender Grundelarten, die gut für die Aquaristik geeignet sind und den Beobachter nicht nur durch ihr spannendes Verhaltensrepertoire, sondern auch durch ihre oft außergewöhnlich bunte Färbung schnell begeistern.

In den letzten Jahren werden erfreulicherweise vermehrt Grundeln im Zierfischhandel angeboten, was auch zu einem wachsenden Bedarf an Informationen über die Aquarienhaltung geführt hat. Viele Grundeln laichen zwar im Aquarium ohne weiteres ab; die Aufzucht ihrer Nachkommen ist aber vielfach noch nicht gelungen oder gilt als schwierig. Im Sinne einer nachhaltigen, die natürlichen Bestände schonenden Aquaristik ist es aber gerade wichtig, Aquarienstämme heranzuziehen, um Wildfangimporte der betreffenden Arten überflüssig werden zu lassen.

In dieser Einsteigerfibel haben wir uns weitgehend auf Grundelarten beschränkt, die häufiger im Handel auftauchen oder bereits nachgezüchtet worden sind, und möchten damit viele Aquarianer anregen, sich mit diesen interessanten Tieren zu beschäftigen.

Was sind Grundeln?

Innerhalb der artenreichen Gruppe der Stachelflosser werden die Grundeln in der Unterordnung Gobioidei (Grundelartige) zusammengefasst.

Der Populärname Grundeln bezieht sich eigentlich nur auf eine Untergruppe (Gobiidae), wird aber in der Aquaristik und deshalb auch in dieser Grundelfibel gewöhnlich als Sammelname für alle Gobioidei verwendet.

Niedere und höhere Grundeln

In der Unterordnung Gobioidei lassen sich zwei große Abteilungen unterscheiden: Die niederen (basalen) Gobioiden haben einige Merkmale des Skelettbaus behalten, die für Stachelflosser allgemein charakteristisch sind, während bei den höheren Gobioiden eine Veränderung dieser Merkmale erfolgt ist. So besitzen die niederen Gobioiden sechs Knochenspangen, die die Kiemenmembranen stützen (Branchiostegalstrahlen), die höheren Gobioiden dagegen nur noch fünf. Außerdem ist bei den höheren Gobioiden eine Vereinigung der beiden Bauchflossen zu einem trichter- oder scheibenförmigen Haftapparat eingetreten, mit dem die Fische sich an festem Untergrund ansaugen und dadurch der Strömung standhalten können. Bei zahlreichen – vorwiegend in Korallenriffen lebenden – marinen Arten

Kardinalbarsche wie *Sphaeramia orbicularis* werden als nahe Verwandte der Grundelartigen vermutet.

und bei manchen Schlammspringern sind die Bauchflossen aber durch einen erneuten Spezialisierungsprozess wieder mehr oder weniger vollständig voneinander getrennt worden.

In marinen Lebensräumen kommen heute überwiegend die moderneren Gruppen vor. Die niederen Gobioiden leben dagegen überwiegend im Süß- und Brackwasser, woraus aber nicht eindeutig ein Ursprung der Gobioiden im Süßwasser abzuleiten ist. Es lässt sich ebenso vermuten, dass die niederen Gobioiden von ihren besser angepassten Nachfahren aus den marinen Lebensräumen verdrängt worden sind. Viele der im Süßwasser vorkommenden niederen Gobioiden sind – ebenso wie auch ein großer Teil der höheren – während ihres Larvenstadiums an das Meer gebunden, ein Hinweis auf ihre marine Abkunft.

Abgesehen von der Unterteilung der Unterordnung in die beiden großen Abteilungen der höheren und niederen Gobioiden sind auf der Grundlage morphologischer Untersuchungen mehrere mutmaßlich verwandtschaftliche Gruppen als Familien und Unterfamilien isoliert worden. Aktuelle molekulargenetische Analysen haben diese Ergebnisse zwar grundsätzlich bestätigt, kommen aber bei der Einteilung der Gobioiden auf Familien und Unterfamilien zum Teil zu abweichenden Resultaten.

Rivalisierende Männchen von *Rhinogobius zhoui*.

Foto: J. Bauer

Klassifikation

Rhyacichthyidae
Schmerlengrundeln

Odontobutidae
Süßwasser-Schläfergrundeln

Eleotridae
Schläfergrundeln

Butidae
Schläfergrundeln

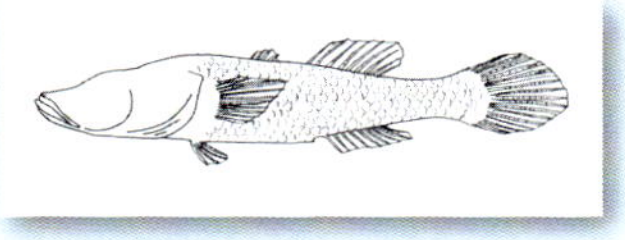

Milyeringidae
Höhlen-Schläfergrundeln

Gobionellidae, Gobionellinae
Stenogobius-Gruppe

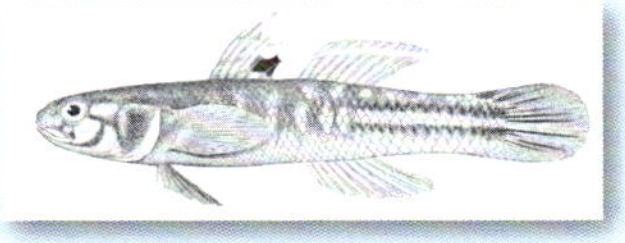

Gobionellidae,Gobionellinae
Mugilogobius-Gruppe

Gobionellidae, Oxudercinae
Schlammspringer

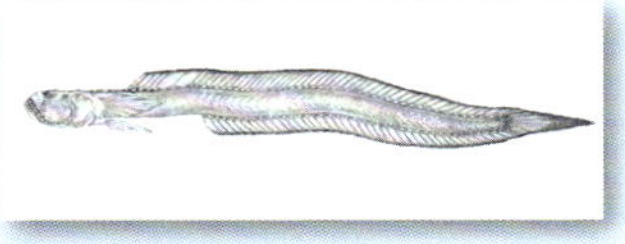

Gobionellidae, Amblyopinae
Aalgrundeln

Gobionellidae, Sicydiinae
Klettergrundeln

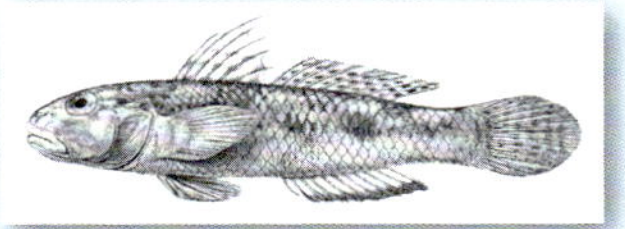

Gobiidae, Gobiinae
Meergrundeln

Gobiidae, Ptereleotrinae
Pfeilgrundeln

Gobiidae, Microdesminae
Wurmfische

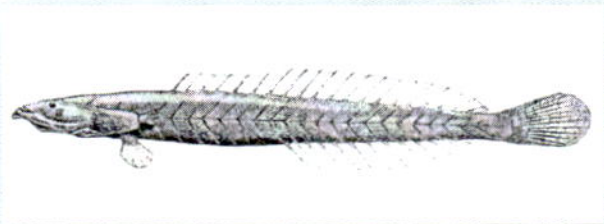

Gobiidae, Kraemeriinae
Sandfische

Bildquellen s. S. 94

Im Süß- und Brackwasser vorkommende Gobioiden-Gruppen mit den im Buch vorgestellten Gattungen.

Niedere Gobioiden

Rhyacichthyidae
Odontobutidae: *Micropercops*
Eleotridae:
Allomogurnda, Dormitator, Eleotris, Giuris, Hemieleotris, Hypseleotris, Mogurnda, Tateurndina
Butidae: *Butis, Kribia, Oxyeleotris*
Milyeringidae

Höhere Gobioiden

Gobionellidae
Gobionellinae
Mugilogobius-Gruppe:
Brachygobius, Chlamydogobius, Eugnathogobius, Gobiopterus, Mugilogobius, Pandaka, Pseudogobiopsis, Redigobius, Rhinogobius, Schismatogobius, Stigmatogobius
Stenogobius-Gruppe:
Awaous, Gobioides
Sicydiinae:
Sicydium, Sicyopterus, Sicyopus Stiphodon
Amblyopinae
Oxudercinae
Gobiidae
Gobiinae:
Glossogobius, Istigobius, Neogobius
Ptereleotrinae
Microdesminae
Kraemeriinae

Merkmale der Grundeln

Ein eindeutiges Erkennungszeichen fast aller im Süßwasser vorkommenden höheren Gobioiden sind ihre zu einem länglichen bis kreisrunden Haftapparat vereinigten Bauchflossen. Bei Arten mit getrennten Bauchflossen nehmen die Flossenstrahlen, zumindest bis zum vorletzten, an Länge zu. Die Flossenunterkanten bilden daher oft eine gerade, horizontale Linie, wodurch beim Sitzen auf dem Boden die Wirkungsweise der Flosse als Stützfuß verbessert wird.

Fast alle Gobioiden besitzen zwei getrennte Rückenflossen, von denen die vordere (meist sechs) biegsame Stacheln enthält und kürzer ist als die hintere, die, ebenso wie die Afterflosse, gewöhnlich mit einem biegsamen Stachel beginnt, an den sich gegliederte und verzweigte Strahlen anschließen.

Auf dem Substrat lebende Arten zeichnen sich in der Regel durch einen mehr oder weniger langgestreckten, im Querschnitt meist nur mäßig abgeplatteten Körper, einen

breiten, flachen Kopf und breit gerundete Brustflossen aus. Frei im unteren und mittleren Wasserbereich schwimmende Arten weisen dagegen häufig einen höheren, stärker abgeplatteten Körper und schmalere Brustflossen auf (z.B. *Hypseleotris*).

Mit wenigen Ausnahmen fehlt den Grundeln die Seitenlinie entlang der Flankenmitte. Seitenlinienkanäle, die sich in Poren öffnen, wodurch Wasserbewegungen an die in ihnen befindlichen Nervenzellen weitergegeben werden, sind bei ihnen auf den Kopfbereich beschränkt und oft mehr oder weniger stark oder ganz zurückgebildet. Gut entwickelt sind dagegen frei stehende Sinnespapillen. Die Anordnung der Poren und Sinnespapillen ist art- und oft gattungsspezifisch und wird als wichtiges Merkmal für die Taxonomie herangezogen.

Sinnespapillen (PP) und Sinneskanalporen (PO) auf dem Kopf von *Neogobius melanostomus*.

Lebensräume

Eine bodenbewohnene und strömungsliebende Grundel ist *Rhinogobius henchuenensis*.

Die Gobioidei sind weltweit von den Tropen bis in mäßig kalte Bereiche verbreitet. Einen deutlichen Schwerpunkt hinsichtlich der Artenvielfalt (Diversität) bildet jedoch der tropische Indo-Westpazifik und hier besonders die von den Philippinen bis Australien reichende Inselkette mit ihren zahlreichen Korallenriffen.

Die meisten Grundeln sind Bewohner von Korallenriffen und flachen Küstenbereichen, doch haben sie wie keine andere Fischgruppe auch alle möglichen anderen Lebensräume erobert und eine große Artenfülle sowohl im Meer als auch im Süßwasser und im Übergangsbereich zwischen diesen beiden Lebensräumen (den Mischwasserzonen von Flussmündungen) hervorgebracht. Das reicht von rund eintausendeinhundert Meter tiefen Meeresbereichen bis in zweitausend Meter hohe Gebirgszonen

Foto: J. Graf

(*Allomogurnda* und *Glossogobius* in Neuguinea) und in meerferne kontinentale Bereiche wie das Amazonastiefland (*Microphilypnus*), das Kongobecken und die Sahelzone Afrikas (*Kribia*). Zahlreiche Grundeln besiedeln extreme Habitate: So finden sich unter ihnen blinde und pigmentlose Bewohner unterirdischer Gewässer (z.B. die Milyeringidae), in reißenden Gebirgsflüssen lebende Arten (*Rhyacichthys*, Sicydiinae) und mit den Schlammspringern die am stärksten an ein amphibisches Leben im gezeitenbeeinflussten Grenzbereich von Wasser und Land angepassten Fische.

Klettergrundeln (Sicydiinae) leben in schnell fließenden Gewässern. Das Bild zeigt einen Bach auf der Insel Neuguinea, in dem Grundeln der Gattung *Stiphodon* gefunden wurden.

Schlammspringer sind amphibische und zum Teil sogar „wasserscheue" Fische.

Flussmündungs- und Brackwasserbereiche

Im internationalen Sprachgebrauch werden Flussmündungsbereiche, in denen sich Meer- und Süßwasser vermischen, als Ästuare und die Fische, deren hauptsächlicher Lebensraum hier liegt, als ästuarin bezeichnet. In offenen Flussmündungen, die unter deutlichem Gezeiteneinfluss stehen, erfolgen mit Ebbe und Flut drastische Veränderungen der Salzkonzentration. In stärker abgeschlossenen Ästuaren und Küstenlagunen variiert die Salinität eher im Wechsel von feuchten und trockenen Jahreszeiten.

Die hier lebenden Fische sind euryhalin, d.h. in der Lage, ihren Körperhaushalt schnell an unterschiedliche Salzwerte anzupassen. Ihre geläufige Charakterisierung als Brackwasserfische erweckt den Eindruck, dass sie nur in Wasser vorkommen, dessen Dichte zwischen der des Süß- und des Meerwassers liegt. Dies trifft auch auf viele von ihnen zu. In Ästuaren mit geringem Süßwasserzufluss kann es aber in der Trockenzeit durch Verdunstung auch zu Salzkonzentrationen kommen, die weit über der des Meerwassers liegen. Anderseits dringen zahlreiche der in Ästuaren lebenden Arten auch in angrenzende Süßwasserbereiche ein. Die mit Mangroven bestandenen Mischwasserzonen tropischer Breiten bilden einen wichtigen Lebensraum für zahlreiche Grundelarten. Die Mündungen sedimentreicher Flüsse sind oft extrem schlammig und beherbergen eine spezielle Gobioidenfauna, deren typische Vertreter die Schlammspringer und die Aalgrundeln sind.

In solchen Tümpeln mit Brackwasser im Süden Thailands (Krabi) wurde *Mugilogobius tigrinus* gefunden.

Foto: J. Kühne

Wechsel zwischen Meer- und Süßwasser

Die meisten der im Süßwasser vorkommenden Arten verbringen hier nicht ihr ganzes Leben. Solche Fische, die einen obligatorischen Lebensraumwechsel zwischen Meer und Süßwasser vollziehen, werden als diadrom bezeichnet. Die bei den Gobioiden häufigste Form dieser Wanderung ist die Amphidromie.

Amphidrome Grundeln leben ab dem Jungfischstadium in fließendem Süßwasser – häufig in solchem mit kräftiger Strömung – und laichen hier ab. Die geschlüpften Nachkommen (S. 27ff.) werden von der Flussströmung ins Meer verdriftet. Am Ende einer pelagischen, d.h. im Freiwasser verbrachten Lebensphase, die einige Wochen, aber auch ein Dreivierteljahr dauern kann, wandern die dann 12 bis 38 mm großen Larven – oft in riesigen Schulverbänden – wieder in Flüsse ein. Während ihres Aufenthalts im Meer können sie mit Strömungen weit verbreitet werden. Amphidrome Grundeln zeigen daher andere Ausbreitungsmuster als echte Süß-

Klettergrundeln wie *Sicyopterus* sp. wechseln zwischen Süß- und Meerwasser.

Foto: F. Bitter

Grundelfang auf der Insel Hainan (China).

wasserfische. Optimal angepasst an das Leben in den steil abfallenden Flüssen junger ozeanischer Vulkaninseln mit ihrem oft geringen Nahrungsangebot an kleinen Wirbellosen sind besonders die Aufwuchs abweidenden Klettergrundeln (Sicydiinae). Ihre flussaufwärts wandernden Jungfische sind in der Lage, hohe Wasserfälle zu überwinden und in Flussbereiche zu gelangen, in denen es kaum Fressfeinde gibt.

Neben obligatorisch amphidromen Arten, für die der Lebensraumwechsel unumgänglich ist, da sich ihre Nachkommen in Süßwasser nicht entwickeln können, gibt es auch Arten mit ganz vom Meer abgekoppelten Populationen, deren Larven also auch im Süßwasser aufwachsen können.

Auf Süßwasser beschränkte Arten

Diese Arten finden sich auf allen Kontinenten. In den tropischen Bereichen Afrikas und der Neuen Welt sind nur wenige und durchweg kleine Arten vorhanden, die aber eine weite Verbreitung im Inneren der Kontinente erfahren haben (*Kribia*, *Microphilypnus*). Sehr reich an reinen Süßwasserarten sind dagegen der ostasiatisch-indochinesische Raum (*Rhinogobius*) und vor allem Neuguinea und Australien (z.B. *Hypseleotris*, *Mogurnda*, *Glossogobius*). Die meisten der auf Süßwas-

Afrikanische Zwergschläfergrundel *Kribia nana*.

ser beschränkten Arten sind Flussbewohner mit oft recht großen Nachkommen (S. 29f), die einer gewissen Strömung widerstehen können und im Lebensraum ihrer Eltern bleiben. Daneben sind auch in Seen endemische Arten entstanden.

Im Pianfonsee auf der Nordseite Neuguineas leben auch Grundeln der Gattung *Oxyeleotris*.

Bodenbewohner und Freischwimmer

Die meisten Grundeln leben, wie schon ihr Name sagt, im Bodenbereich (benthische Arten). Unter ihnen finden sich solche, deren Schwimmblase völlig zurückgebildet ist, so dass sie sich nur mit kräftigen Flossenschlägen kurzfristig im freien Wasser halten können (z.B. *Rhinogobius*, *Schismatogobius*). Sie ernähren sich vorwiegend von Bodenorganismen, ergreifen aber in kurzen und schnellen Sprüngen auch Beute aus bodennahen Wasserschichten. Zahlreiche Arten (darunter viele Vertreter der *Mugilogobius*-Gruppe) besitzen jedoch eine Schwimmblase, deren Füllung so eingestellt ist, dass die Tiere geringfügig schwerer als das Wasser sind und damit noch eine ausreichende Bodenhaftung aufweisen, aber ausdauernd schwimmen können.

Bei den bodenorientierten Gobioiden handelt es sich entweder um Bewohner offener Substrate, die z.B. Sandflächen besiedeln

Oben:
Die Schmuckgrundel *Istigobius ornatus* lebt im Meer und in brackigen Flussmündungen auf offenen Substraten.

Unten:
Gobiopterus-Arten sind frei schwimmende Bewohner des Freiwassers.

(epibenthische Arten) oder um versteckt lebende (cryptobenthische) Formen. Diese schützen sich vor räuberischer Nachstellung, indem sie sich einfach in lockeres Sediment einwühlen, sich unter Steinen oder in Hohlräumen von Felsen verbergen oder Bodengänge bewohnen, die sie entweder in schlammigem bis sandigem Substrat selbst anlegen oder von anderen, grabenden Tieren übernehmen. Im Gezeitenbereich von Ästuaren und Flussunterläufen heben Aalgrundeln und andere Bewohner von Schlammflächen, die bei Ebbe trocken fallen, tiefe Wohntunnel aus, die in noch wasserhaltige Schichten hinabreichen.

Die Unterordnung Gobioidei enthält aber auch zahlreiche ständig frei schwimmende (nektonische) Arten. In der Mehrzahl sind es suprabenthische Fische, die sich vorwiegend dicht oberhalb des Bodens oder im Mittelwasser in der Nähe von Vegetation und anderen Deckungen aufhalten (z.B. *Mogurnda*). Die stärkste Anpassung an ein Leben im offenen Wasser von Seen, Ästuaren oder des Meeres zeigen Arten, die im adulten Stadium die Körperbaumerkmale und das Schwimmverhalten der Larven beibehalten und sich ausschließlich von Plankton ernähren (z.B. *Gobiopterus*).

Biologie und Verhalten

Territorial- und Kampfverhalten

Grundeln sind – zeitweilig oder dauerhaft – territoriale Fische. Abgesehen von verschiedenen, vorwiegend Korallenriffe bewohnenden Arten, die ständig in Paargemeinschaften leben und bei denen sich beide Partner aktiv an der Brutpflege beteiligen, ist die Verteidigung von Brutplatz und Gelege gegenüber Konkurrenten und Fressfeinden alleinige Aufgabe des Männchens. Bei Arten, die keine Fress- oder Wohnreviere abgrenzen, ist das Territorialverhalten daher auf geschlechtsreife oder fortpflanzungsbereite Männchen beschränkt. Bei einigen Arten sind auch die ansonsten friedlichen Weibchen im laichbereiten Zustand aggressiv gegenüber konkurrierenden Weibchen, nicht aber gegenüber Männchen.

Der Verzicht auf dauernde Fressterritorien setzt ein ausreichendes Nahrungsangebot in den jeweiligen Lebensräumen voraus. Dieses finden Planktonfresser (*Hypseleot-*

Viele Grundeln bilden Reviere und verteidigen diese gegen Eindringlinge. Hier: drohendes Männchen von *Rhinogobius gigas*.

Dormitator lophocephalus ist außerhalb der Fortpflanzungszeit nicht territorial.

Foto: E. Weiand

Drohende Männchen von *Rhinogobius* sp.

ris, *Gobiopterus*) oder Allesfresser (*Dormitator*), die zum Teil in Schulen auftreten, aus denen sich die fortpflanzungsbereiten Männchen lösen, um für die Dauer eines Fortpflanzungsaktes ein Territorium zu behaupten. Zu diesem Verhaltenstyp gehören auch kleine, auf offenen Substraten oder in Bodennähe lebende, oft in hoher Zahl in produktiven Gewässern vorkommende Arten (z.B. *Awaous flavus*, diverse *Redigobius*-Arten) und ebenso die algenfressenden Klettergrundeln. Männchen bodenbewohnender Arten behalten ein Versteck und das umgrenzende Territorium oft über mehrere Laichgänge oder zeitlebens bei.

Eine in beiden Geschlechtern ausgeprägte Aggressivität zeigen räuberische Arten mit einzelgängerischer Lebensweise, deren Nahrungsversorgung nur unter Einhaltung einer gewissen räumlichen Distanz zueinander gewährleistet ist (z.B. *Oxyeleotris* oder *Glossogobius*), oder verborgen lebende Arten (z.B. *Gobioides*), die ihre Verstecke gegen Konkurrenten verteidigen müssen. Die Aggressivität der Männchen nimmt während der Fortpflanzungsperiode gewöhnlich noch zu.

Das Territorialverhalten der Grundeln lässt sich mit den oben genannten Faktoren allein aber nicht erklären und zwischen einzelnen Arten mit ähnlicher Ökologie können auffällige Unterschiede bestehen.

Ebenso wie viele andere revierbildende und brutpflegende Fische zeigen auch Grundeln ein differenziertes Kampfverhalten. Dem Beschädigungskampf gehen eine Reihe von ritualisierten Drohhandlungen voraus.

Foto: E. Weiand

Ein Männchen präsentiert seine auffällig gekennzeichneten Kiemenbrauen.

Akustische und optische Drohhandlungen

Männchen (gelegentlich auch Weibchen) erzeugen durch Aneinanderreiben der Schlundzähne oder schnelles Auspressen von Wasser aus der Kiemenhöhle schnarrende Geräusche, um Territorialansprüche zu bekunden und Eindringlinge in ihr Revier zu vertreiben. Die Laute sind gewöhnlich nur mit einem Unterwassermikrophon nachweisbar.

Grundeln drohen und kämpfen vornehmlich, indem sie ihrem Kontrahenten die Breitseite präsentieren. Die erste Reaktion beim Anblick eines potenziellen Gegners besteht in einem „Sich-groß-Machen" durch Spreizen der Flossen, der Kiemenmembranen und der Kiemendeckel, eventuell verbunden mit Maulbodensenken und Anheben des Kopfes.

Als weitere Drohbewegungen folgen:

Maulsperren: Das weit aufgerissene Maul kündigt Beißen an, führt aber nicht unbedingt zum Angriff.

Kopfrütteln (Zittern): Der ganze Körper wird mehrmals schnell hintereinander ruckhaft eingebogen, wobei besonders der Vorderkörper weit nach beiden Seiten ausschlägt. Die maximal gespreizten Brustflossen werden dabei senkrecht vom Körper abgestellt.

Buckeln (bei bodenbewohnenden Arten): Der Fisch legt die erste Rückenflosse an, neigt den Kopf zum Substrat, während er den Hinterkörper etwas anhebt und die Schwanzflosse nach unten biegt. In geringer Entfernung zum Gegner beschleunigt er dann plötzlich seine Vorwärtsbewegung und attackiert.

Taktile Bewegungen

Sie bilden den Höhepunkt der Kampfhandlungen und äußern sich folgendermaßen:

Oben:
Seitliches Imponieren und Schwanzschlagen männlicher Schmetterlingsgrundeln (*Awaous flavus*).

Unten:
Frontales Drohen (*Eugnathogobius kabilia*).

Maulzerren (*Rhinogobius duospilus*).

schränkten Kiefern oder bei einigen bodenbewohnenden Arten mit extrem verlängerten Kiefern (*Awaous flavus*, *Eugnathogobius kabilia*) als Maulschieben auf. Die Gegner stellen sich dabei frontal auf und öffnen drohend ihre beweglichen Kiefer so weit, dass sie fast vertikal stehen und ihre Enden zur Seite abgespreizt sind. Sie schwimmen dann aufeinander zu, stoßen ihre Lippen wie Puffer gegeneinander und versuchen, den jeweiligen Gegenspieler wegzuschieben. Diese Manöver können auch in ein einfaches Maulzerren übergehen.

Schwanzschlagen: Die Gegner schieben sich Wasser entgegen und messen so ihre Kräfte. Da sich die Seitenorgane bei den Gobioiden im Kopfbereich konzentrieren, stehen sich die Gegner beim Schwanzschlagen meist „Kopf-an-Schwanz" gegenüber.

Maulkampf: Maulkämpfe treten als Maulzerren mit ineinander ver-

Beißen: Spätestens nach einer Serie von Schwanzschlägen erfolgt ein Wechsel zum Beschädigungskampf, indem Bisse vor allem gegen Kiemendeckel und Schwanzpartie des Gegners gerichtet werden. Beißen kann allerdings auch in allen anderen Kampfphasen vorkommen.

Kopfheben und „Sich-groß-Machen" bei *Rhinogobius rubromaculatus*.

Hier lauert eine Rotpunkt-Grundel auf Anflugnahrung.

Ernährung

Die meisten Grundeln sind Fleischfresser (Karnivoren). Schon wegen ihrer geringen Größe fressen sie vornehmlich kleine Krebstiere und Insektenlarven. Demgegenüber gibt es einige große, auf mehr als 30 Zentimeter oder sogar auf über einen halben Meter heranwachsende Arten (z.B. aus den Gattungen *Gobiomorus, Oxyeleotris* oder *Glossogobius*), die im ausgewachsenen Stadium oft vorwiegend Fische beachtlicher Länge verschlingen. Nicht alle Arten, die man nach eventuell leidvollen Erfahrungen im Aquarium als Fischfresser ansehen möchte, sind dies auch tatsächlich in ihren natürlichen Lebensräumen. So konsumieren zum Beispiel manche Schläfergrundeln (z.B. *Eleotris*) im Freiland vor allem Schnecken von teilweise erstaunlicher Größe. Im Aquarium, wo ihnen andere Mitbewohner zur leichten Beute werden, stellen sie ihre Fähigkeit, sich überproportionale Brocken einzuverleiben, dann gern unter Beweis.

Neben den Fleischfressern finden sich Arten, in deren Kost Pflanzen einen mehr oder weniger großen Anteil einnehmen. Je nach der Dominanz verschiedener Materialien werden sie als Allesfresser (Omnivoren), Pflanzenfresser (Herbivoren) oder Detritusfresser (Detritivoren) bezeichnet. Während Allesfresser Pflanzenmaterial oft nur zu bestimmten Jahreszeiten bei Mangel an tierischer Beute aufnehmen und keine besonderen Spezialisierungen der mit der Ernährung verbundenen Organe und Körperregionen aufweisen, besitzen Pflanzen-

Links:
Diese große Raubgrundel (*Glossogobius giuris*) hat einen Beutefisch von fast ihrer eigenen Länge verschluckt

Rechts:
Lauerräuber, wie hier die Gestreifte Spitzkopfgrundel (*Butis gymnopomus*) verfügen über eine gute Tarnung, indem sie ihre Färbung rasch der Umgebung anpassen können.

und Aufwuchsfresser gewöhnlich einen längeren Darmkanal und eine besondere Bezahnung und Maulform.

Ebenso vielfältig wie die Art der Nahrung sind auch die Methoden des Nahrungserwerbs. Am häufigsten begegnen wir Lauerräubern und Sammlern. Lauerräuber sitzen die meiste Zeit unbeweglich in einem Versteck, um vorbeikommende Beute mit einem schnellen Vorstoß aufzuschnappen. Sammler bewegen sich aktiv umher und suchen dabei nach Fressbarem. Spezialisierte Formen der Nahrungssuche zeigen einige Arten mit unterständigem Maul (z.B. *Istigobius* oder *Awaous*): Sie nehmen Substrat ins Maul auf und kauen es durch, wobei verwertbare Bestandteile mit den Kiemenrechen ausgesondert und die Bodenpartikel wieder ausgespuckt oder durch die Kiemenöffnungen entlassen werden. Weitere Sonderformen sind das besonders unter den Klettergrundeln verbreitete Abweiden von mikroskopischen Algen und Bakterienschichten von festen Oberflächen oder das von diversen Aalgrundeln praktizierte ungezielte Verschlucken von weichem, an organischen Bestandteilen reichem Schlamm.

Die blaue Aalgrundel (*Gobioides peruanus*) besitzt auffällig große Zähne, ernährt sich jedoch hauptsächlich von kleinen Nahrungspartikeln. Diese werden „eingesaugt" oder aus dem ins Maul aufgenommenen Substrat gefiltert.

Fortpflanzung

Balzendes Paar von *Mogurnda cingulata.*

Balzverhalten

Bei den im Süß- und Brackwasser vorkommenden Gobioiden ist die Paarbindung auf jeweils einen Laichakt beschränkt. Das Männchen wählt den Laichplatz aus und versucht, ein Weibchen auf sich aufmerksam zu machen, wobei es einige der schon vom Territorialverhalten bekannten Gesten und Bewegungen (Imponieren durch Vergrößerung des Körperumrisses, Kopfrucken, Schwanzschlagen) zeigt. Das Balzverhalten umfasst außerdem mehrere Bewegungsweisen, mit denen das Weibchen zum Versteck gelockt werden soll. Hierzu gehören ein schnelles Zuschwimmen auf ein Weibchen mit maximal gespreizten Flossen und oft übertrieben wirkenden Schwanzschlägen, ein „Im-Kreis-Schwimmen" vor dem Weibchen oder ein Umkreisen des Weibchens sowie ein anschließendes Führungsschwimmen zum Laichplatz in ähnlicher Weise wie bei der Annäherung. Ist das Weibchen näher herangekommen, verkürzt sich der Bewegungsablauf auf ein schnelles, mehrfach wiederholtes Umkehrschwimmen. Befindet sich das Weibchen endlich am Laichplatz, stößt das Männchen immer wieder sanft gegen seinen Kopf oder Vorderkörper, um es zum Laichen zu stimulieren.

Diese Abfolge von Balzhandlungen tritt nicht vollständig bei allen Arten und in der genannten Reihenfolge auf. Daneben gibt es auch besondere Formen, auf die hier nicht im Einzelnen eingegangen werden kann.

Mitunter zeigen sich auch die Weibchen als der aktivere Teil im Fortpflanzungsgeschehen. Laich-

Balzende *Allomogurnda nesolepis.*

Foto: J. Graf

reife Weibchen präsentieren häufig ihren stark mit Eiern geschwollenen Bauch durch Heben von Kopf und Schwanz und drängen sich mitunter förmlich in die Verstecke der Männchen. Es kommt auch dazu, dass ein bereits gelegepflegendes Männchen, ohne das Versteck zu verlassen, mit mehreren Weibchen nacheinander ablaicht.

Links: Pastellgrundeln (*Tateurndina ocellicauda*) bei der Eiablage.

Rechts: Herabhängende Eier unter einer Steinplatte (*Rhinogobius rubromaculatus*).

Eiablage und Entwicklung

Die Eier der Grundeln tragen rund um die Eintrittsöffnung für die Spermien (Micropyle) einen Kranz von Haftfäden, mit denen sie auf einem Substrat befestigt werden. Die bodenbewohnenden Arten und auch die meisten Freischwimmer sind Versteckłaicher. Die Gelege werden in Hohlräumen z.B. unter Steinen, unter Muschelschalen oder in Bodengängen abgesetzt – bevorzugt an der Unterseite einer horizontalen Fläche, so dass sie frei herabhängen und besser vom Wasser umspült werden. Das Männchen schachtet den Hohlraum oft selbst aus oder vergrößert ein vorgefundenes Versteck, indem es mit Flossenschlägen oder dem Maul Substrat ins Freie befördert. Einige frei schwimmende Arten, besonders Schläfergrundeln, setzen ihre Gelege offen auf Steinen, großen Pflanzenblättern und im Aquarium an den Scheiben ab, wobei sie aber geschützte Stellen bevorzugen.

Bei den Gobioiden lassen sich drei grundsätzliche Formen der frühen Entwicklung des einzelnen Individuums (Ontogenese) unterscheiden, die wir hier als Typ A, B und C bezeichnen.

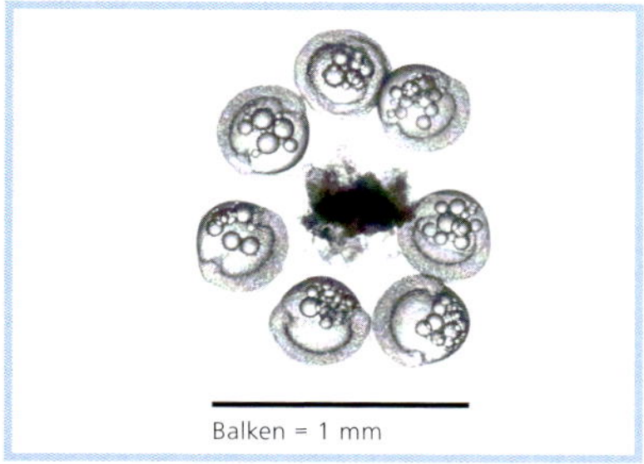

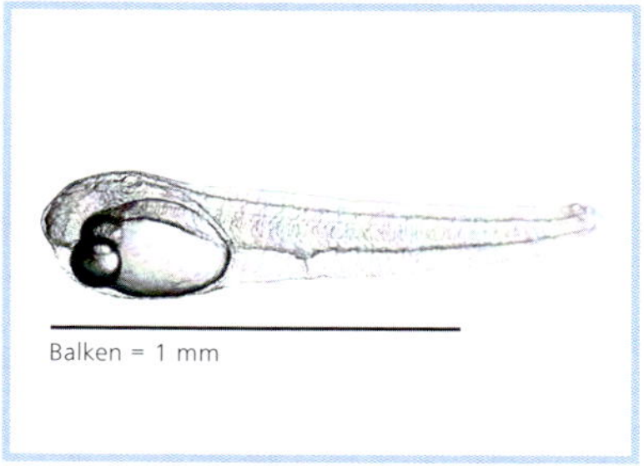

Typ A
Giuris margaritacea.

Typ A

Aus sehr zahlreichen und kleinen, meist im Umriss gedrungen birnenförmigen Eiern schlüpfen während des ersten oder zweiten Tags nach der Eiablage (oft auch schon nach einem halben Tag) ca. 1 bis 1,8 Millimeter lange, noch sehr unvollständig entwickelte, frei lebende Embryonen. Ihre Augen sind noch nicht dunkel pigmentiert und bei einem sehr frühen Schlupf gar nicht zu erkennen. Der Körper wird von einem undifferenzierten Flossensaum umrahmt.

Sie bewegen sich zunächst unablässig in vertikaler Richtung, indem sie jeweils ein kurzes Stück aktiv aufwärts schwimmen und anschließend mit dem Kopf nach unten wieder absinken. Unter tropischen Temperaturbedingungen erreichen sie ungefähr vier Tage nach der Eiablage ein Entwicklungsstadium, wie es für den Typ B beim Schlupf charakteristisch ist. Die vertikalen Bewegungen verhindern, dass der Embryo auf dem Boden liegen bleibt, was besonders für amphidrome Arten wichtig ist, da die Nachkommen schnell das Meer erreichen müssen.

Typ B

Die Eier sind im Umriss elliptisch bis keulen- oder schlauchförmig und enthalten einen größeren Dottervorrat. Der unter tropischen Temperaturbedingungen meist nach dem Ende des vierten Tages ab der Befruchtung schlüpfende Embryo besitzt bereits funktionstüchtige, pigmentierte Augen, Brustflossen und eine Schwimmblase.

Die für eine aktive Nahrungsaufnahme notwendigen Organe (geöffneter Verdauungskanal, bewegliche Kiefer) sind beim Schlupf oder kurz danach ausgebildet. Die beim Schlupf ca. 1,6 bis über 7 mm langen, frei schwimmenden Nachkommen zeigen sich daher sofort viel

Typ B
Mugilogobius adeia.

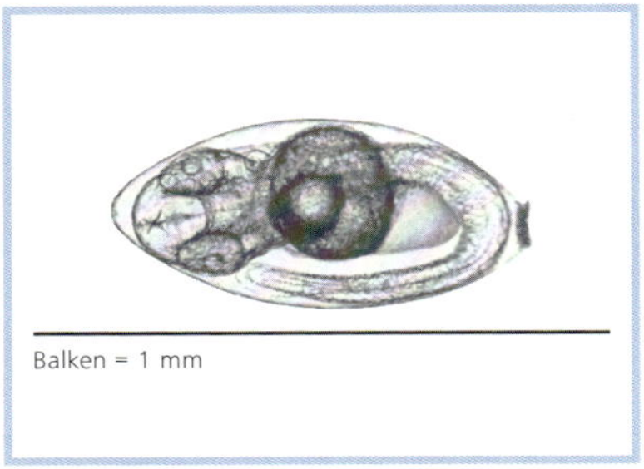

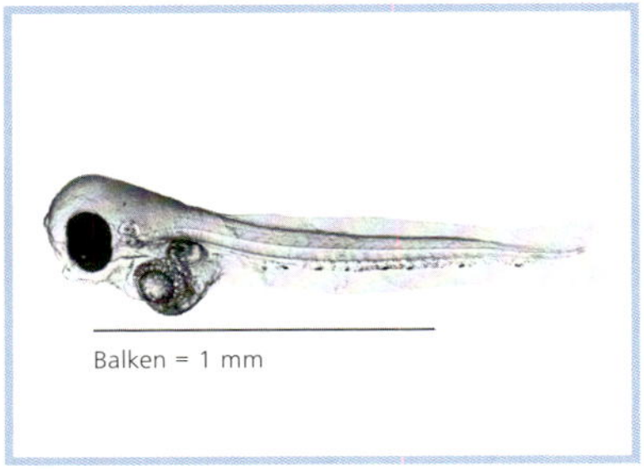

Typ C
Allomogurnda nesolepis.

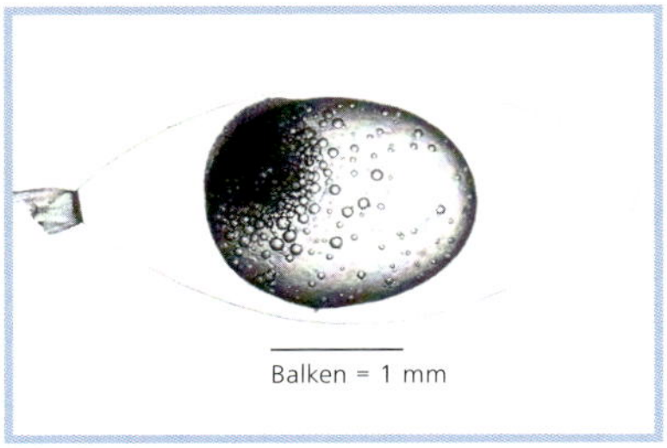

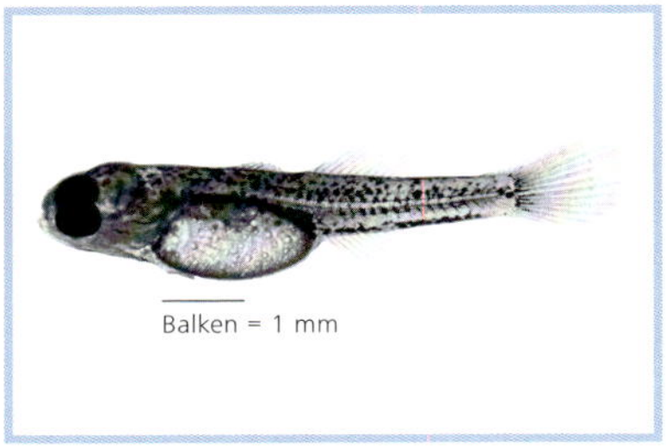

beweglicher als die früh schlüpfenden Embryonen des A-Typs.

Typ C

Die Eier sind von variabler Form und deutlich größer als beim Typ B. Der enorme Dottervorrat erlaubt dem Embryo, das gesamte Larvenstadium in der Eihülle zu überspringen. Er misst beim Schlupf mehr als 5 mm und besitzt noch einen gewöhnlich umfangreichen Dottersack, weist aber bereits die Merkmale des Jungfisches auf (strahlengestützte, separate vertikale Flossen anstelle des Flossensaums) und nimmt sofort eine bodenorientierte Lebensweise auf.

Entwicklungstyp B: Larve der Großmaulgrundel (*Pseudogobiopsis oligactis*) unmittelbar nach dem Schlupf. Länge 2,1 mm.

Brutpflege

Männchen offenlaichender Arten mit frühem Schlupf (Typ A) beschränken sich oft auf die Bewachung und ein gelegentliches Befächeln der Eier. Bei Arten mit längerer Entwicklungszeit (Typ B und C) betreibt das Männchen dagegen eine intensivere Gelegepflege. Durch Befächeln des Geleges mit den Brustflossen und eventuell auch der Rücken- und der Afterflosse leitet es einen Wasserstrom über die Eier und verbessert deren Sauerstoffversorgung. Gelegentlich schwimmt oder rutscht es, den Bauch dem Laichsubstrat zugewendet, über das Gelege und wedelt mit den Brustflossen und der Afterflosse. Möglichweise wird hierbei bakterizider Körperschleim übertragen. Durch beschleunigtes Fächeln stimuliert das Männchen schließlich den Schlupf der Embryonen.

Das Männchen von *Rhinogobius duospilus* passt in einer Tonröhre auf das Gelege auf.

Bei fast allen im Süß- und Brackwasser lebenden Grundeln endet die Brutpflege mit dem Schlupf. Berichte, nach denen die geschlüpften Nachkommen einiger Arten vom Männchen gegenüber Fressfeinden beschützt werden, bedürfen noch der Bestätigung.

Foto: G. Schmida

Brutpflegendes Männchen der offenbrütenden Art *Mogurnda adspersa*.

Grundelarten

Foto: F. Bitter

Foto: H. Hristov

Im folgenden Kapitel stellen wir Ihnen einige Grundelarten vor, die häufiger im Handel auftauchen oder bereits nachgezüchtet worden sind. Bei der Einrichtung des Aquariums müssen die verschiedenen Bedürfnisse der Grundelarten berücksichtigt werden. Als Hilfestellung haben wir die Einrichtungsmöglichkeiten in fünf Aquarientypen eingeteilt (s. S. 82ff.) und die vorgestellten Grundelarten jeweils einem für sie optimalen Aquarium zugeordnet.

Micropercops swinhonis

Chinesische Feuerbauchgrundel

Die kleine Familie der Süßwasser-Schläfergrundeln (Odontobutidae) ist in Flüssen und Seen des östlichen und südöstlichen Asiens – von der russischen Pazifikregion bis zum Einzugsbereich des Mekong im nordöstlichen Thailand – verbreitet.

Entsprechend ihrer Herkunft aus gemäßigten bis subtropischen Bereichen hält man sie in ungeheizten Aquarien. Eine kühle Überwinterung erhöht die Laichbereitschaft und die Lebensdauer.

Außerhalb der Fortpflanzungssaison ist die im Bodenbereich lebende, aber schwebfähige Chinesische Feuerbauchgrundel ihren Artgenossen gegenüber friedlich. In der Paarungszeit, die mit dem Anstieg der Temperatur auf ca. 18 °C eintritt, bekommen die Männchen den namensgebenden orangefarbenen Bauch und sind dann territorial. Die Eier werden in Hohlräumen abgesetzt. Die Aufzucht der beim Schlupf knapp vier Millimeter langen Larven ist bereits gelungen.

Verbreitung: China und Korea

Größe: 5 cm

Aquarium: 60 cm (Typ IV)

Temperatur: 18-22 °C

Wasser: Süßwasser

Futter: kleines Lebend- und Frostfutter (Kleinkrebse, *Mysis*, *Artemia*, Mückenlarven)

Fortpflanzung: Typ B

Hypseleotris cyprinoides

Foto: A Wagnitz

Verbreitung: Indo-westpazifische Region von Südafrika bis Japan und Indonesien

Größe: 8 cm

Aquarium: 100 cm (Typ II)

Temperatur: 25-30 °C

Wasser: Süßwasser

Futter: Lebend- und Frostfutter (Wasserflöhe, Mückenlarven), Trockenfutter

Fortpflanzung: Typ A

Kärpflingsgrundel

In der Gattung *Hypseleotris* finden wir einige der am schönsten gefärbten Schläfergrundeln. Die frei schwimmenden Fische halten sich, oft in größeren Ansammlungen, in den unteren bis mittleren Wasserbereichen vorwiegend an ruhigen Stellen auf, wo ihnen Wasserpflanzen, Wurzelmatten oder andere Deckungen Schutz bieten.

Hypseleotris cyprinoides bewohnt küstennahes Süßwasser und Mischwasserzonen. Man hält die manchmal etwas scheuen Fische am besten in einer Gruppe. Da fortpflanzungsbereite Männchen untereinander aggressiv sind und auch die Weibchen mitunter stark treiben, ist ein Verhältnis von zwei bis drei Weibchen pro Männchen anzuraten. In Gegenwart anderer, wenig störungsempfindlicher Fische sind auch die Kärpflingsgrundeln zutraulicher. Die amphidrome oder anadrome Art laicht im Aquarium in geräumigen Höhlen, auf großen Steinplatten oder breitblättrigen Pflanzen. Eine erfolgreiche Aufzucht der Larven ist bislang nicht bekannt.

Hypseleotris compressa

Foto: D. Wilson

Australische Kärpflingsgrundel

Verbreitung: Südliches Neuguinea; Nordhälfte Australiens, an der Ostküste bis New South Wales

Größe: 13 cm (meist um 10 cm)

Aquarium: 100 cm (Typ II)

Temperatur: 15/23-30 °C

Wasser: Süßwasser

Futter: Lebend- und Frostfutter (Wasserflöhe, Mückenlarven), Trockenfutter

Fortpflanzung: Typ A

Die attraktive Australische Kärpflingsgrundel ist ein in der Aquaristik sehr begehrter Fisch. Lange Zeit wurde sie nur selten importiert und es gelang auch nicht, Aquarienstämme heranzuziehen. Inzwischen taucht sie aber recht häufig im Handel auf.

Sie bewohnt vorwiegend küstennahe Flussabschnitte, findet sich aber auch in Mischwasserzonen. Ihr Verbreitungsgebiet reicht von den Tropen bis in warmgemäßigte südliche Bereiche des australischen Kontinents. Die Art kann daher, je nach Herkunft, auch in kühlerem Wasser gehalten werden. Die Fortpflanzung erfolgt aber erst bei einem Temperaturanstieg über 20 °C. Indizien deuten darauf hin, dass die Kärpflingsgrundel ein marines Larvenstadium durchläuft, aber auch auf Süßwasser beschränkte Populationen ausgebildet hat.

In ihrem Verhalten entspricht sie *H. cyprinoides*. Beide Arten produzieren extrem winzige Eier. Im Falle von *H. compressa* ist die Aufzucht der Larven bereits gelungen.

Foto: G. Schmida

Hemieleotris *latifasciatus*

Breitstreifen-Schläfergrundel

Verbreitung: pazifische Seite der Neuen Welt von Ekuador bis Nicaragua

Größe: 10 cm

Aquarium: 80 cm (Typ II)

Temperatur: 25-30 °C

Wasser: Süßwasser

Futter: kleines Lebend- und Frostfutter (Kleinkrebse, *Mysis*, *Artemia*, rote Mückenlarven); Trockenfutter

Fortpflanzung: Typ A

Diese hübsche Schläfergrundel ist eine vermutlich amphidrome Art und bewohnt die Süßwasserzonen von langsam bis mäßig stark strömenden Flüssen.

In einem 80 x 40 x 40 cm großen Becken mit zahlreichen Höhlenverstecken und stellenweise dichter Bepflanzung können drei bis vier Männchen und eine größere Anzahl Weibchen untergebracht werden.

Männchen besitzen eine kräftiger leuchtende gelbgrüne bis grünblaue „Neonlinie" beiderseits des schwarzen Flankenstreifens und gleichfarbige Markierungen in den Rückenflossen. Bei der Balz richten sie mehrmals schnell die vordere Rückenflosse auf und klappen sie an, so dass eine stark reflektierende Zone im oberen Flossenbereich wie ein Blinklicht wirkt.

Paarungsbereite Männchen verteidigen ein kleines Territorium, z.B. im Umkreis einer Höhle oder hinter einer an die Scheibe gelehnten Steinplatte, lassen sich aber selten auf ernsthafte Kämpfe ein. Die Aufzucht der Larven ist noch nicht gelungen.

Foto: A. Wagnitz

Allomogurnda nesolepis

Gelbbauch-Schläfergrundel

Foto: Dirk Godlinski

Verbreitung: nördliches Neuguinea

Größe: 6 cm

Aquarium: 60 cm (Typ IV)

Temperatur: 22-27 °C

Wasser: Süßwasser

Futter: kleines Lebend- und Frostfutter (rote Mückenlarven und andere Wasserinsekten)

Fortpflanzung: Typ C

Die in Fließgewässern mit zum Teil kräftiger Strömung vorkommenden Schläfergrundeln der Gattung *Allomogurnda* sind nahe Verwandte von *Mogurnda*, unterscheiden sich von ihnen aber durch ihre bodenorientierte Lebensweise.

Allomogurnda nesolepis ist ein ausgesprochener Verstecklaicher. Fortpflanzungsbereite Männchen besetzen einen Unterschlupf – z.B. unter einem Stein – und verteidigen ein kleines Territorium. Die Aquarieneinrichtung sollte bei einer Haltung mehrerer Männchen in einem Becken diesem Verhalten durch eine Unterteilung des Bodenbereichs mittels großer Steine oder Wurzeln Rechnung tragen.

Wie andere Arten der Gattung weist *A. nesolepis* eine direkte Entwicklung zum bodenorientierten Jungfisch auf. Die Schlupfgröße liegt bei ca. sieben Millimetern, so dass als Startfutter Artemianauplien bewältigt werden können.

Tateurndina ocellicauda

Pastellgrundel

Verbreitung: im Osten von Papua-Neuguinea

Größe: 7,5 cm (meist 5 bis 6 cm)

Aquarium: 60 cm (Typ II)

Temperatur: 24-28 °C

Wasser: Süßwasser

Futter: kleines Lebend- und Frostfutter (Kleinkrebse, *Mysis*, *Artemia*, rote Mückenlarven); Trockenfutter

Fortpflanzung: Typ B

Eine bei Aquarianern schon seit langem beliebte Art ist die Pastellgrundel oder Schwanzfleckschläfergrundel. Die natürlichen Vorkommen sind stark bedroht, das kleine Verbreitungsgebiet liegt im Südosten der Insel Neuguinea. Zur großen Beliebtheit hat sicherlich vor allem die attraktive Färbung und die leichte Vermehrbarkeit beigetragen. Ein Aquarium für diese Art richtet man am besten mit Wurzelholz und relativ dichter Bepflanzung ein; das Wasser sollte weich bis mittelhart sein und der pH-Wert im neutralen bis leicht sauren Bereich liegen. Die Männchen bilden Reviere. Die Eiablage erfolgt meist in einem geeigneten Versteck, nicht selten wird aber auch an der Aqua-

Foto: H. Hristov

Foto: H. Hristov

◄ Kopfstudie eines Männchens.

rienscheibe abgelaicht, dann kann man mit etwas Glück die Entwicklung der Embryonen mit bloßem Auge verfolgen. Das Männchen bewacht das Gelege bis zum Schlupf. Die Aufzucht gelingt mit Artemianauplien leicht.

Foto: F. Bitter

▲ Weibchen von *Tateurndina ocellicauda*.

Foto: H. Hristov

Mogurnda adspersa

Violettgepunktete Schläfergrundel

Verbreitung: Östliches Australien und Murray-Darling-Becken in Südaustralien

Größe: 15 cm (meist 8 bis 10 cm)

Aquarium: 120 cm (Typ II)

Temperatur: 20-30 °C

Wasser: Süßwasser

Futter: kleines bis mittelgroßes Lebend- und Frostfutter (rote Mückenlarven, Bachflohkrebse, Krill), Trockenfutter

Fortpflanzung: Typ B

Der Lebenszyklus der Gattung *Mogurnda* ist vollständig vom Meer abgekoppelt. Die frei schwimmenden, recht agilen und oft sehr farbenprächtigen Schläfergrundeln sind leider in beiden Geschlechtern häufig recht ruppig. Es empfehlen sich daher geräumige, stellenweise dicht bepflanzte Behälter mit zahlreichen Versteckmöglichkeiten.

Die Geschlechtsunterschiede in Flossenform und Färbung sind nicht besonders deutlich ausgeprägt. Die Genitalpapille ist bei den Männchen flach und zugespitzt, bei den Weibchen dagegen rundlich und am Ende fransig. *M. adspersa* ist zwar ein Kleintierfresser und ernährt sich im Freiland zum überwiegenden Teil von Insektenlarven und anderen kleinen Wirbellosen, bei der Vergesellschaftung ist aber dennoch Vorsicht geboten, da die Schläfergrundeln durchaus in der Lage sind, kräftige Brocken zu verschlingen.

Foto: D. Wilson

Foto: G. Schmida

Haltung und Zucht sind unkompliziert. An die Wasserbeschaffenheit stellen die Fische keine großen Ansprüche. Sie laichen offen auf Steinen, an den Scheiben des Aquariums oder in geräumigen Verstecken. Ihre beim Schlupf ca. fünf Millimeter großen schwimmenden Larven nehmen sofort Artemianauplien an.

Weitere tropische *Mogurnda*-Arten sind hinsichtlich der Aquarienhaltung sehr ähnlich, hier: *M. cingulata*

Dormitator lebretonis

Verbreitung:
Ostatlantik vom Senegal bis Angola

Größe: 14 cm

Aquarium: 100 cm (Typ II)

Temperatur: 25-30 °C

Wasser:
Brackwasser, Süßwasser

Futter:
pflanzliches Trockenfutter (Spirulina), Lebend- und Frostfutter (rote Mückenlarven)

Fortpflanzung: Typ A

Lehmgrundel

Die einzige afrikanische Vertreterin der Gattung *Dormitator* ähnelt in ihrer Lebensweise den amerikanischen Verwandten. Die Fische sind gewöhnlich recht ruhig und friedlich. Fortpflanzungsbereite Männchen verteidigen allerdings ihr Brutrevier. Sie sind im Aquarium aggressiv gegenüber ihren Geschlechtsgenossen und treiben die Weibchen mitunter stark. Man hält sie daher am besten in einer kleinen Gruppe (mehr Weibchen als Männchen) in einem gut bepflanzten und mit Versteckmöglichkeiten ausgestatteten Aquarium. Gelaicht wird in geräumigen Höhlen, aber auch offen auf breiten Pflanzenblättern. Männchen besitzen nicht nur eine größere zweite Rücken- und Afterflosse als die Weibchen, sondern auch eine sehr lange, abgeplattete und breite Urogenitalpapille. Die Papille der Weibchen ist ebenfalls groß, aber rundlicher und am Ende fransig. Fortpflanzungsbereite Männchen bilden außerdem eine kräftige Aufschwellung der oberen Kopfpartie aus.

Dormitator latifrons

Pazifische Fleckenschläfergrundel

Die Arten der Gattung *Dormitator* besitzen einen gedrungenen und dabei recht massigen Körper, der ihnen in den USA zu dem Populärnamen „fat sleepers" (Dicke Schläfer) verholfen hat. *Dormitator latifrons* ernährt sich im natürlichen Lebensraum vornehmlich von abgestorbenem pflanzlichem Material und außerdem von lebenden Pflanzen und kleinen tierischen Organismen. Die Art bewohnt Flussmündungen und Küstenlagunen und kommt hier bei Salzkonzentrationen bis über 50 Promille vor (Meerwasser hat ca. 35 Promille), dringt aber auch in das Süßwasser von Flussunterläufen vor. Für die Haltung im Aquarium empfehlen wir eine zumindest geringe Salzbeimischung. *Dormitator latifrons* laicht im Freiland nachweislich im Brackwasser. Einige Beobachtungen deuten außerdem sowohl auf anadrome als auch auf amphidrome Wanderungen hin. Aus extrem winzigen Eiern (Durchmesser ca. 0,3 mm) schlüpfen nach etwa einem halben Tag um einen Millimeter lange freie Embryonen.

Verbreitung: Ostpazifik von Peru bis Nord-Mexiko, vereinzelt bis Kalifornien (USA); Galapagos-Inseln

Größe: 60 cm (im Aquarium um 25 cm)

Aquarium: 150 cm (Typ II)

Temperatur: 25-30 °C

Wasser: Brackwasser, Süßwasser

Futter: Pflanzliches Trockenfutter (Spirulina), Lebend- und Frostfutter (rote Mückenlarven, Bachflohkrebse)

Fortpflanzung: Typ A

Butis gymnopomus

Gestreifte Spitzkopfgrundel

Verbreitung: Indo-Westpazifik von Indien bis Mikronesien

Größe: 10 cm

Aquarium: 100 cm (Typ I)

Temperatur: 25-30 °C

Wasser: Brackwasser und Süßwasser (leichter Salzusatz)

Futter: kräftiges Lebendfutter (Garnelen, Bachflohkrebse, rote Mückenlarven)

Fortpflanzung: Typ A

Das auffälligste Verhaltensmerkmal der substratorientierten Lauerräuber ist ihre Fähigkeit, jede beliebige Raumlage einnehmen zu können. Den Bauch an die Unterlage geschmiegt und die Färbung der Umgebung angepasst, sitzen sie meist reglos an vertikalen Objekten oder – mit dem Bauch nach oben – unter Ästen und breiten Pflanzenblättern, um vorbeikommende Beute mit einem schnellen Vorstoß zu ergreifen.

Beim Schwimmen tarnen sie sich durch unkoordiniert wirkende Bewegungen, die ein im Wasser treibendes Holzstück oder Blatt imitieren.

Sie bewohnen die Mischwasserzone in Flussmündungen, dringen aber auch in reines Süßwasser vor. Die Männchen besitzen längere hintere Strahlen in der zweiten Rücken- und der Afterflosse; außerdem sind die vertikalen Flossen kräftiger gefärbt als bei den Weibchen.

Die Fische laichen auf offenen Substraten wie z.B. Baumwurzeln oder an den Aquarienscheiben, aber auch in geräumigen Höhlenverstecken. Die Aufzucht der kleinen Larven ist in Brackwasser mit Einzellern (vermutlich *Euplotes*) als Startfutter bereits ansatzweise gelungen.

Pandaka trimaculata

Dreifleck-Zwerggrundel

Die zwerghaften Arten der Gattung *Pandaka* schwimmen frei in kleinen Gruppen oder dichten Schulen oberhalb sandiger bis schlammiger Substrate in Misch- und Süßwasserhabitaten. *Pandaka trimaculata* kommt vorwiegend in kleinen Wasserläufen der Mangrovenzone vor. Die lebhafte Färbung erinnert an die Goldringelgrundeln der Gattung *Brachygobius*.

Weibchen werden meist etwas größer als die Männchen, die eine schlankere, zugespitzte Urogenitalpapille aufweisen. Meldungen über Zuchterfolge liegen für *P. trimaculata* nicht vor. Von einer anderen Art der Gattung ist bekannt, dass aus kleinen, rund einhundertfünfzig bis dreihundert Eiern umfassenden Gelegen, die in Verstecken abgesetzt werden, ca. 1,8 mm lange pelagische Larven schlüpfen. Die Zwerggrundeln hält man am besten in einer größeren Gruppe im Brackwasseraquarium, das beispielsweise mit Baumwurzeln dekoriert werden kann und als mögliche Laichplätze einige Höhlenverstecke enthalten sollte.

Verbreitung: Westlicher Pazifik von Japan bis Indonesien

Größe: 1,8 cm

Aquarium: 40 cm (Typ III)

Temperatur: 25-30 °C

Wasser: Brackwasser (Salzkonzentration über 3‰ oder Wasser mit wechselnder Salinität, 0 bis 35‰)

Futter: Lebend- und Frostfutter (*Artemia*, kleine Mückenlarven)

Fortpflanzung: Typ B

Brachygobius doriae

Goldringelgrundel

Foto: E. Weiand

Verbreitung: Sumatra, Borneo, Malaiische Halbinsel

Größe: 3,5 cm

Aquarium: 60 cm (Typ III)

Temperatur: 25-30 °C

Wasser: Süßwasser, Brackwasser

Futter: kleines Lebend- und Frostfutter (Kleinkrebse, *Mysis*, *Artemia*, Mückenlarven)

Fortpflanzung: Typ B

Die attraktiv gefärbten Goldringelgrundeln sind wohl die bekanntesten Grundeln in der Aquaristik und gehören schon lange zum Standardsortiment vieler Zierfischhändler. Eine Vergesellschaftung mit wenigen, klein bleibenden Fischen ist zwar möglich, jedoch muss dann darauf geachtet werden, dass die Grundeln bei der Fütterung nicht zu kurz kommen. Ein weiterer wichtiger Aspekt bei der Fütterung ist, dass Goldringelgrundeln meist nicht an Trockenfutter zu gewöhnen sind. Bietet man den Tieren jedoch tierisches Lebend- oder Frostfutter an, so nehmen sie nahezu alles, was sie verschlingen können. Hinsichtlich der Wasserparameter kommen Goldringelgrun-

Foto: E. Weiand

Foto: F. Bitter

deln zwar mit reinem Süßwasser gut zurecht, empfehlenswert ist aber ein leichter Salzzusatz von ein bis zwei Gramm pro Liter.

B. doriae ist im Aquarium relativ leicht zu vermehren. Die freischwimmenden Larven lassen sich in den ersten Tagen gut mit Rädertierchen und anderen Infusorien (z.B. Pantoffeltierchen) ernähren.

Die Gattung *Brachygobius* enthält neben einigen „großen" Arten, von denen *B. doriae* die bekannteste ist, auch zwerghafte Arten, die nicht viel größer werden als 2,5 Zentimeter. Während die großen Arten nur drei schwarze Körpergürtel aufweisen, sind für die Gattungszwerge vier Bänder typisch, die allerdings oft unregelmäßig oder unvollständig sind. Bislang sind vier Arten bekannt, deren Bestimmung aber mangels einer systematischen Bearbeitung für den Aquarianer kaum möglich ist. In ihrem Verhalten und ihrer frühen Entwicklung ähneln sie ihren großen Verwandten.

Eine unbestimmte Zwerg-Goldringelgrundel *Brachygobius* sp.

Chlamydogobius eremius

Australische Wüstengrundel

Verbreitung: zentrales/südliches Australien, Einzugsgebiet des Eyre-Sees

Größe: 6 cm

Aquarium: 60 cm (Typ IV)

Temperatur: 15-30 °C

Wasser: Süßwasser, Brackwasser

Futter: kleines Lebend- und Frostfutter (Kleinkrebse, *Mysis*, *Artemia*, rote Mückenlarven), Trockenfutter

Fortpflanzung: Typ C

Wüstengrundeln sind in der Aquaristik seit langem bekannt und beliebt. Obwohl sie aus ihrem Herkunftsgebiet nicht mehr für aquaristische Zwecke exportiert werden dürfen, sind sie bis heute häufig in unseren Aquarien anzutreffen. Das liegt an ihrer Anspruchslosigkeit und leichten Vermehrbarkeit. In der Natur sind die Grundeln starken Schwankungen des Salzgehaltes ausgesetzt, im Aquarium sind sie aber auch in reinem Süßwasser gut haltbar, wenn es nicht zu weich

Foto: H. Hristov

Männchen der Wüstengrundel, *Chlamydogobius eremius*.

▼ Männchen der Wüstengrundel, *Chlamydogobius eremius*, in Balztracht.

und nicht sauer ist. Die Männchen sind insbesondere während der Fortpflanzung aggressiv gegenüber Rivalen. Gelaicht wird in einem geeigneten Versteck wie unter einem Stein oder in einer Röhre. Beim Schlupf sind die ca. sieben Millimeter langen Nachkommen voll entwickelt und fressen bereits frisch geschlüpfte Artemianauplien, so dass die Aufzucht keinerlei Probleme bereitet. In den ersten Wochen der Aufzucht ist jedoch Lebendfutter unerlässlich, erst später wird auch feines Trockenfutter gefressen.

Mugilogobius chulae

Verbreitung: Indo-Westpazifik von Sri Lanka, Thailand, Indonesien, Philippinen bis Palau

Größe: 4,5 cm

Aquarium: 60 cm (Typ III)

Temperatur: 22-26 °C

Wasser: Brackwasser und Süßwasser (leichter Salzzusatz)

Futter: kleines Lebend- und Frostfutter (Kleinkrebse, *Mysis*, *Artemia*, rote Mückenlarven), Trockenfutter

Fortpflanzung: Typ B

Gelbstreifengrundel

Sie lebt häufig in Mangroven und anderen Brackwasserhabitaten, wird aber auch in reinem Süßwasser gefunden. Männchen kann man gut von den Weibchen unterscheiden, man erkennt sie an mehreren fadenförmig verlängerten Flossenstrahlen in der vorderen Rückenflosse und an einem breiteren Kopf. Männchen besetzen kleine Reviere, die verteidigt werden. Dem Haltungswasser sollte immer eine geringe Menge Meersalz zugesetzt werden (ca. 3 g/l), um die Tiere optimal zu pflegen. Eine höhere Salzkonzentration bis hin zu Meerwasser ist ebenfalls möglich. Häufig sieht man die Grundeln im freien Wasser schwimmen, dabei sehen sie durch die reduzierte Schwimmblasenfunktion etwas unbeholfen aus, weil die hintere Körperhälfte herunterhängt. Die Nachzucht im Aquarium ist möglich, wenn auch nicht ganz einfach, denn die beim Schlupf 1,8 Millimeter langen Larven benötigen kleinstes lebendes Zooplankton als Erstnahrung. Mit Wimpertierchen der Gattung *Euplotes* gelingt die Aufzucht.

Mugilogobius sarasinorum

Schwarze Poso-Grundel

Verbreitung: Sulawesi, Poso-See

Größe: 7,5 cm

Aquarium: 80 cm (Typ III)

Temperatur: 27-30 °C

Wasser: Süßwasser, warm und alkalisch (pH ca. 8,0-8,5)

Futter: kleines Lebend- und Frostfutter (Kleinkrebse, *Mysis*, *Artemia*, rote Mückenlarven)

Fortpflanzung: Typ B

Sulawesi ist vielen Aquarianern vor allem durch die farbenprächtigen Zwerggarnelen aus den Seen dieser indonesischen Insel bekannt geworden. Durch die Garnelenexporte sind von dort auch einige Fischarten zu uns gelangt, unter anderem mehrere interessante Grundelarten wie *Mugilogobius sarasinorum*.

Die Männchen sind durchgehend dunkelgrau bis schwarz gefärbt, die Weibchen sind normalerweise etwas heller. Bei der Aquarienhaltung aller Sulawesi-Grundeln kommt der Qualität des Hälterungswassers eine besondere Bedeutung zu. Entsprechend der Bedingungen im natürlichen Habitat muss das Wasser weich bis mittelhart sein, dabei einen leicht alkalischen pH-Wert aufweisen. Das Wasser sollte außerdem möglichst nährstoff- und keimarm sein, daher sind regelmäßige Wasserwechsel Voraussetzung für eine optimale Pflege. Die Sulawesi-Grundeln stellen vergleichsweise hohe Ansprüche, weshalb der Halter bereits aquaristische Erfahrung mitbringen sollte.

Mugilogobius rexi

Verbreitung: Sulawesi, Towuti-See, Mahalona-See

Größe: 5 cm

Aquarium: 80 cm (Typ III)

Temperatur: 27-30 °C

Wasser: Süßwasser, warm und alkalisch (pH ca. 8,0-8,5)

Futter: kleines Lebend- und Frostfutter (Kleinkrebse, *Mysis*, *Artemia*, rote Mückenlarven)

Fortpflanzung: Typ B

Zitronengrundel

Die Zitronengrundel lebt endemisch im Malili-Seen-System Zentralsulawesis. Wie bei den anderen Sulawesi-Grundeln gelten auch für die Zitronengrundel besondere Ansprüche an das Aquarienwasser. Durch ihre auffallend leuchtend gelbe Farbe sind die Grundeln außerordentlich attraktiv und werden regelmäßig für die Aquaristik importiert. Man darf sich aber nicht von der geringen Größe täuschen lassen; die Männchen sind extrem territorial und bissig, so dass die Unterbringung in einem ausreichend dimensionierten Aquarium erfolgen muss. Das Aquarium sollte stellenweise dicht bepflanzt sein, denn die Tiere halten sich gerne im Pflanzendickicht auf und legen ihre Eier bevorzugt offen auf großblättrigen Pflanzen ab. Auch die Scheiben des Aquariums werden zur Eiablage genutzt, was ungewöhnlich ist, da es sich ansonsten bei den höheren Gobioiden des Süß- und Brackwassers fast ausnahmslos um Höhlenbrüter handelt. Berichte über eine gelungene Aufzucht gibt es bislang nicht.

Foto: J. Bauer

Stigmatogobius sadanundio

Rittergrundel

Verbreitung: Indischer Ozean von Indien und Sri Lanka bis Malaysia, Singapur und Sumatra

Größe: 8,5 cm

Aquarium: 100 cm (Typ III)

Temperatur: 25-30 °C

Wasser: Brackwasser (Salzkonzentration über 3‰ oder in Wasser mit wechselnder Salinität, 0 bis 35‰)

Futter: Lebend- und Frostfutter (*Artemia*; *Mysis*, weiße und rote Mückenlarven, Garnelen), Trockenfutter

Fortpflanzung: Typ B

Die häufig im Fachhandel angebotene Rittergrundel besitzt ein gutes Schwimmvermögen und ist oft im freien Wasser zu sehen. Vor allem bei der Fütterung mit kleiner Planktonnahrung (Wasserflöhe oder *Artemia*) bewegt sie sich mit ungeahnter Schnelligkeit. Sie kann auch sehr gut springen, daher ist immer auf eine Abdeckung des Beckens zu achten.

Die ziemlich gefräßigen Grundeln erbeuten außer kleinen Krebstieren oder Insektenlarven auch kräftige Beute wie schlanke Fische oder Garnelen, nehmen aber auch Trockenfutter an.

Man hält die Rittergrundel am besten in einer Gruppe in einem nicht zu kleinen Becken, das zahlreiche mögliche Laichverstecke enthält. Die Grundeln sind untereinander friedlich; fortpflanzungsbereite Männchen verteidigen allerdings ein Territorium im Umkreis des Brutverstecks. Die Aufzucht der beim Schlupf ca. drei Millimeter langen Larven ist noch nicht gelungen.

Redigobius balteatus

Gürtelgrundel

Verbreitung: Indo-Westpazifik von Ostafrika bis Mikronesien

Größe: 4,5 cm

Aquarium: 60 cm (Typ III)

Temperatur: 25-30 °C

Wasser: Brackwasser, Meerwasser

Futter: kleines Lebend- und Frostfutter (Kleinkrebse, *Mysis*, *Artemia*, rote Mückenlarven)

Fortpflanzung: Typ B

Die mit ihrer auffälligen Bänderzeichnung kaum zu verwechselnde Gürtelgrundel zeichnet sich wie die meisten *Redigobius*-Arten durch einen ausgeprägten Geschlechtsunterschied in der Maulgröße aus. Während die Kiefer bei den Weibchen höchstens bis unterhalb der Augenmitte zurückreichen, sind sie bei den Männchen bis unter die hintere Augenpartie oder bis hinter die Augen verlängert. Adulte Männchen besitzen außerdem längere hintere Strahlen in der ersten Rückenflosse sowie der Afterflosse und oft eine höhere zweite Rückenflosse als die Weibchen.

Diese Grundeln sind keine strikten Bodenbewohner und schwimmen häufig frei umher, sind aber

etwas schwerer als das sie umgebende Wasser. Wenn sie auf der Stelle stehen, sinkt der Hinterkörper nach unten und sie nehmen eine schräge Position ein.

Männchen fressen trotz ihres größeren Mauls keine deutlich kräftigeren Futterpartikel als die Weibchen. Die Maulvergrößerung spielt vor allem im Rahmen des ritualisierten Kräftemessens der Männchen im Kampf um Territorien eine Rolle, bei dem es nach Drohen mit aufgerissenem Maul zu einem Maulzerren kommen kann.

Die Gürtelgrundel kommt in Brackwasser sowie in angrenzendem Süßwasser vor. Im Aquarium erweist sie sich im Süßwasser als kurzlebiger und krankheitsanfälliger als in salzhaltigem Wasser. In ihren sonstigen Pflegeansprüchen und ihrem Verhalten entspricht sie *Redigobius bikclanus*.

Die ca. 1,8 Millimeter langen Larven vertragen eine direkte Überführung aus schwach brackigem Wasser in Meerwasser. Ihre Aufzucht ist aber noch nicht gelungen.

Redigobius bikolanus

Verbreitung: Indo-Westpazifik von den Komoren bis Samoa und von Japan bis Australien und Neukaledonien

Größe: 5 cm

Aquarium: 60 cm (Typ III)

Temperatur: 25-30 °C

Wasser: Süßwasser oder Brackwasser

Futter: kleines Lebend- und Frostfutter (Kleinkrebse, *Mysis*, *Artemia*, rote Mückenlarven)

Fortpflanzung: Typ B

Redigobius bikolanus ist weniger auffällig gefärbt als die Gürtelgrundel. Ein Kennzeichnen, durch das sich diese Grundel von ähnlichen *Redigobius*-Arten unterscheiden lässt, sind zwei dunkle Balken auf der Bauchseite: der erste unterhalb der vorderen Rückenflosse, der zweite oberhalb des Anus.

Geschlechtsunterschiede sind in ähnlicher Weise ausgebildet wie bei der Gürtelgrundel. Der erste oder die ersten beiden Stacheln der vorderen Rückenflosse können zu einem langen Filament ausgezogen sein. Bei manchen Männchen ist diese Flosse aber nicht viel höher als bei den Weibchen. Sie bewohnt Brackwasserzonen, häufiger aber küstennahe Süßwasserbereiche in Flüssen und Bächen mit meist geringer Strömung und hartem bis

Redigobius bikolanus, rechts Weibchen, links Männchen. ▼

Foto: G. Schmida

mitunter sehr weichem und saurem Wasser. Sie laicht in meernahen Flussabschnitten und durchläuft dann einen amphidromen Wanderzyklus, pflanzt sich aber auch im Brackwasser fort. Außerdem sind ganz auf Süßwasser beschränkte Populationen bekannt.

Die beim Schlupf ca. 1,9 Millimeter langen Larven brauchen daher nicht notwendigerweise Salzwasser zu ihrer Entwicklung. Aber auch in dieser Hinsicht mögen regionale Unterschiede bestehen. Die Aufzucht im Aquarium ist noch nicht gelungen.

In gut bepflanzten Aquarien ist die Grundel gewöhnlich schwimmfreudiger als in kahlen Becken. Als Laichverstecke eignen sich niedrige Hohlräume, zum Beispiel unter Steinen oder in Tonröhren, in die das Männchen noch gerade hineinpasst.

Redigobius bikolanus ist eine sehr anpassungsfähige Art.

Eugnathogobius kabilia

Verbreitung: Philippinen, Nordborneo, Thailand und Sri Lanka

Größe: 6 cm

Aquarium: 80 cm (Typ IV)

Temperatur: 25-30 °C

Wasser: Süßwasser oder Brackwasser

Futter: kleines Lebend- und Frostfutter (Kleinkrebse, *Mysis*, *Artemia*, rote Mückenlarven)

Fortpflanzung: Typ B

Männchen zahlreicher Arten aus der *Mugilogobius*-Verwandtschaft besitzen ein erstaunlich vergrößertes Maul. Sie werden aber fast alle noch von *Eugnathogobius kabilia* in den Schatten gestellt. Bei adulten Männchen sind die Kiefer fast bis zum Ende des Kiemendeckels verlängert.

Bei der Verteidigung ihrer Territorien nehmen die Männchen eine frontale Position (Kopf gegen Kopf) ein, reißen das riesige Maul auf – wobei die Kieferenden zur Seite gehebelt werden – stoßen dann mit den Mäulern gegeneinander und messen ihre Kräfte, indem sie sich hin- und herschieben. Dieses Maulschieben kann auch in ein Maulzerren übergehen, wenn einer der Gegner einen Kiefer des anderen zu fassen bekommt.

Die in Süßwasser und seltener in schwach brackigem Wasser vorkommende Grundel hält in relativ weichem Leitungswasser (8°dGH) gut aus und laicht auch ab; sie mag aber in schwach brackigem Wasser langlebiger sein.

Die Aufzucht der ca. 2,5 Millimeter langen pelagischen Larven ist noch nicht gelungen.

Pseudogobiopsis oligactis

Großmaulgrundel

Weibchen.

Eine kleine Grundelart, die in tropischen Regionen Süd- und Südostasiens verbreitet ist. Die Art lebt sowohl im Brackwasser als auch in reinen Süßwasserhabitaten, vor allem in Fließgewässern. Im Aquarium lässt sie sich dauerhaft in reinem Süßwasser pflegen, ein Salzzusatz ist nicht erforderlich. In der Aquaristik ist die Grundelart zwar selten, aber sie wird hin und wieder importiert und im Zoofachhandel angeboten. Besonders auffällig ist bei älteren Männchen der große Kopf und das riesige Maul, weshalb sich die deutsche Bezeichnung „Großmaulgrundel" durchgesetzt hat.

In der Laichperiode setzen Weibchen ca. alle 14 Tage ein Gelege ab, das aus jeweils mehreren Tausend Eiern besteht. Die nach vier Tagen schlüpfenden Larven sind 2,1 mm lang. Einzelne Exemplare konnten in Brackwasser mit *Brachionus* als Erstfutter aufgezogen werden.

Verbreitung: Indo-Westpazifik von Indien, Thailand, Malaysia bis Indonesien

Größe: 6 cm

Aquarium: 60 cm (Typ IV)

Temperatur: 24-28 °C

Wasser: Süßwasser, Brackwasser

Futter: kleines Lebend- und Frostfutter (Kleinkrebse, *Mysis*, *Artemia*, rote Mückenlarven)

Fortpflanzung: Typ B

Männchen.

Schismatogobius deraniyagalai

Verbreitung: Sri Lanka, westliches Indien

Größe: 4,5 cm

Aquarium: 60 cm (Typ IV)

Temperatur: 25-30 °C

Wasser: Süßwasser

Futter: kleines Lebend- und Frostfutter (rote Mückenlarven, andere Insektenlarven, kleine Wasserasseln und Flohkrebse)

Fortpflanzung: Typ B

Auch bei den schlanken, unbeschuppten Grundeln der indopazifischen Gattung *Schismatogobius* besitzen die Männchen bis weit hinter die Augen verlängerte Kiefer. Bei Territorialstreitigkeiten und bei der Balz reißen die Männchen das Maul weit auf und präsentieren den leuchtend gelb, orange oder rot gefärbten Maulinnenraum.

Die amphidromen Grundeln bewohnen Fließgewässer mit oft kräftiger Strömung und sandigem oder kiesigem Substrat, in das sie sich gewöhnlich bis an die Augen einwühlen, um auf Beute – z.B. kleine Insektenlarven – zu lauern.

Die Männchen schachten Bruthöhlen unter Steinen oder bis fast an die Oberkante im Substrat versenkten Blumentopfstücken aus. Diese selbst geschaffenen Höhlen werden nach erfolgter Eiablage von innen verschlossen. Aus den schlauchförmigen Eiern schlüpfen am vierten Tag (bei 27° C) rund 2,3 bis 2,5 Millimeter lange Larven.

Schismatogobius deraniyagalai ist am besten in einem Artaquarium untergebracht, das eine vier bis fünf Zentimeter hohe Bodenschicht aus feinem Kies und grobem Sand enthalten sollte, um den Fischen das Eingraben zu ermöglichen.

Awaous flavus

Schmetterlingsgrundel

Die Schmetterlingsgrundel wird regelmäßig für die Aquaristik importiert, zeitweise gab es jedoch ein Ausfuhrverbot durch die in Brasilien eingeführte Positivliste.

Bei Gefahr vergraben sich die Grundeln gerne, weshalb das Aquarium mit einem Bodengrund aus feinem Sand ausgestattet werden sollte. Dies kommt auch ihrer Ernährungsweise zugute, denn sie nehmen Sand mit ihrem Maul auf und sieben Nahrungspartikel heraus. Daneben fressen sie aber auch Nahrung vom Boden oder aus dem freien Wasser. Rivalisierende Männchen drohen eindrucksvoll mit weit aufgerissenem Maul und gespreizten Flossen, stoßen mit den geöffneten Kiefern gegeneinander und schieben sich, ihre Kräfte messend, hin und her.

Die Schmetterlingsgrundel lebt im Jugend- und Erwachsenenstadium im Süß- und Brackwasser. Beim Schlupf, der bereits in weniger als 24 Stunden nach der Eiablage erfolgt, sind die Embryonen nur 1,2 Millimeter lang. Über eine erfolgreiche Aufzucht der pelagischen Larven im Aquarium gibt es bisher noch keine Berichte.

Verbreitung: Südamerika: Kolumbien bis Brasilien

Größe: 10 cm

Aquarium: 100 cm (Typ IV)

Temperatur: 25-27 °C

Wasser: Süßwasser, Brackwasser

Futter: Lebend- und Frostfutter (*Artemia*, *Mysis*, weiße und rote Mückenlarven), Trockenfutter

Fortpflanzung: Typ A

Rhinogobius duospilus

Foto: H. Hristov

Weißwangengrundel

Grundeln aus der Gattung *Rhinogobius* werden schon seit längerer Zeit für die Aquaristik eingeführt. Am bekanntesten ist die Weißwangengrundel, die oft auch noch unter dem veralteten Synonym *Rhinogobius wui* angeboten wird. Schaut man genauer hin, so verbergen sich hinter dieser Handelsbezeichnung jedoch in der Regel verschiedene Arten und Lokalvarianten. Hinsichtlich der Aquarienhaltung sind sich diese aber alle recht ähnlich. Sie stammen größtenteils aus subtropischen Regionen Ostasiens und oft aus recht kühlen Bergbächen; daher dürfen sie im Aquarium nicht zu warm gehalten werden.

Weißwangengrundeln sind leicht im Aquarium zu vermehren. Das Aquarium sollte mit einem feinen Bodengrund und vielen flachen

Verbreitung: China, Vietnam

Größe: 4,5 cm

Aquarium: 60 cm (Typ IV)

Temperatur: 16-24 °C

Wasser: Süßwasser

Futter: kleines Lebend- und Frostfutter (Kleinkrebse, *Mysis*, *Artemia*, rote Mückenlarven)

Fortpflanzung: Typ C

Foto: H. Hristov

Foto: H. Hristov

Foto: H. Hristov

Steinen ausgestattet werden. Die Männchen graben dann Bruthöhlen, die nach dem Laichvorgang verschlossen werden. Nach dem Schlupf endet die Brutpflege des Männchens, die kleinen Grundeln können mit Artemianauplien gut aufgezogen werden.

Foto: H. Hristov

Foto: F. Bitter

Rhinogobius zhoui

Verbreitung: Südchina

Größe: 5 cm

Aquarium: 60 cm (Typ IV)

Temperatur: 16-24 °C

Wasser: Süßwasser

Futter: kleines Lebend- und Frostfutter (Kleinkrebse, *Mysis*, *Artemia*, rote Mückenlarven)

Fortpflanzung: Typ C

Flammengrundel

Foto: J. Bauer

Eine besonders hübsche Süßwassergrundel ist die Flammengrundel. Diese Art hat ein sehr kleines Verbreitungsgebiet und wurde erst 2009 in einem südchinesischen Bergbach entdeckt. Kurz darauf wurde sie wissenschaftlich beschrieben und ein Jahr später wurden erste Exemplare für die Aquaristik importiert. Zu diesem Zeitpunkt wurden die Grundeln zu einem vergleichsweise hohen Preis gehandelt, der sich inzwischen aber deutlich reduziert hat. Die Flammengrundel ist der Weißwangengrundel sehr ähnlich und eng mit dieser verwandt. Aufgrund dessen wird sie in der gattungsinternen Systematik der *Rhinogobius-duospilus*-Gruppe zuge-

Rivalisierende Männchen von *Rhinogobius zhoui*.

Foto: J. Bauer

ordnet. Die Männchen sind äußerst attraktiv gefärbt, insbesondere bei der Balz. Haltungsansprüche und Fortpflanzung entsprechen weitgehend denen der Weißwangengrundel. So verfügt sie über eine direkte Entwicklung und die Jungfische nehmen Artemianauplien als Erstfutter an.

Rhinogobius rubromaculatus

Rotpunktgrundel

Verbreitung: Taiwan

Größe: 6 cm

Aquarium: 60 cm (Typ IV)

Temperatur: 16-24 °C

Wasser: Süßwasser

Futter: Lebend- und Frostfutter (*Artemia*, *Mysis*, weiße und rote Mückenlarven, Garnelen), Trockenfutter

Fortpflanzung: Typ C

In den letzten Jahren stieg die Anzahl der für die Aquaristik importierten *Rhinogobius*-Arten deutlich an. Dazu gehört auch die Rotpunktgrundel, die im Jahr 2010 erstmals aus Taiwan importiert wurde. Die roten Flecken, die beim Männchen ausgeprägter vorhanden sind, machen auch diese Art zu einer farblich ansprechenden Vertreterin der Gattung. Es gibt mehrere Farbvarianten, die ebenfalls aus Taiwan stammen. Möglicherweise handelt es sich dabei um eigenständige Arten, was jedoch derzeit nicht wissenschaftlich geklärt ist.

Im Aquarium ist *Rhinogobius rubromaculatus* ein anspruchsloser Pflegling, der sich auch leicht vermehren lässt. Das Aquarium wird, wie bei allen Vertretern der Gattung, am besten mit einem Boden-

Fotos: F. Bitter

grund aus feinem Sand und zahlreichen gröberen Kieselsteinen ausgestattet, auf denen einige flache Steinplatten liegen. Stehen ausreichend Versteckplätze in Lücken zwischen den Steinen zur Verfügung, so kann man bald Jungfische beobachten.

Imponiergehabe gibt es auch bei zufälligen Treffen auf dem Boden.

Stiphodon ornatus

Verbreitung: Indonesien: Sumatra

Größe: 6-7 cm

Aquarium: 80 cm (Typ V)

Temperatur: 22-26 °C

Wasser: Süßwasser

Futter: Aufwuchsfresser: Kieselalgen; Lebend- und Frostfutter (*Tubifex*, *Artemia*, rote Mückenlarven), pflanzliches Trockenfutter

Fortpflanzung: Typ A

Rote Neongrundel

Die Arten der Gattung *Stiphodon* sind spezialisierte Aufwuchsfresser. Ständig sind sie dabei, den Oberflächenbewuchs von Steinen abzuraspeln, ihre bevorzugte Nahrung sind Kieselalgen. Dominante Männchen besetzen meist Reviere und vertreiben Rivalen vehement. Gegenüber anderen Fischen sind sie aber vollkommen friedlich, so dass man alle *Stiphodon*-Arten gut mit klein bleibenden Fischarten und auch mit Zwerggarnelen vergesellschaften kann.

Eine häufig im Zierfischhandel anzutreffende Art ist die Rote Neongrundel. Sie gehört zu den größeren Arten der Gattung. Rötliche Farbanteile in der Schwanzflosse und den Rückenflossen haben ihr den deutschen Namen eingebracht.

In der Natur lebt die amphidrome Art in schnell fließenden, sauerstoffreichen Bächen. Entsprechend sollte das Aquarium hergerichtet sein: feinkörniger oder kiesiger Bodengrund, viele Steine und eine starke Strömung.

Die Embryonen haben beim Schlupf eine Länge von 1,4 Millimetern. Die Aufzucht gelang noch nicht

Stiphodon atropurpureus

Blaue Neongrundel

Diese wunderschöne Art wird hin und wieder aus Taiwan importiert. Weitere Vorkommen sind außerdem auch aus Japan und den Philippinen bekannt. Unter optimalen Bedingungen und auf dunklem Bodengrund färben sich die Männchen fast schwarz mit einem breiten Streifen aus neonblauen Glanzschuppen entlang des Körpers, was ihren Namen erklärt. Rückenflossen und Schwanzflossen zeigen einen dünnen, aber auffälligen roten Rand.

Sie wird im Zoohandel häufig mit dem farblich weniger attraktiven *Stiphodon semoni* verwechselt. Die Weibchen sind wie auch bei den anderen *Stiphodon*-Arten schlicht gefärbt und verfügen über mehreren dunkle Längsstreifen. Die amphidrome Art wurde bisher im Aquarium noch nicht erfolgreich vermehrt.

Verbreitung: Nordwest-Pazifik; Taiwan, Japan, Südchina; Philippinen, Malaysia

Größe: 5 cm

Aquarium: 60 cm (Typ V)

Temperatur: 22-26 °C

Wasser: Süßwasser

Futter: Aufwuchsfresser: Kieselalgen, Lebend- und Frostfutter (*Tubifex*, *Artemia*, rote Mückenlarven), pflanzliches Trockenfutter

Fortpflanzung: Typ A

Sicyopterus macrostetholepis

Verbreitung: Westlicher Pazifik (Indonesien bis Japan)

Größe: 10 cm

Aquarium: 100 cm (Typ V)

Temperatur: 24-28 °C

Wasser: Süßwasser

Futter: Aufwuchsfresser: Kieselalgen; Lebend- und Frostfutter (*Tubifex*, *Artemia*, rote Mückenlarven), pflanzliches Trockenfutter

Fortpflanzung: Typ A

Auch die Grundeln der Gattung *Sicyopterus* sind Aufwuchsfresser, werden aber deutlich größer und kräftiger als die zuvor beschriebenen *Stiphodon*-Arten. Sie leben in stärkerer Strömung und können höhere Wasserfälle erklimmen, indem sie sich durch Zusammenarbeit des Bauchflossentrichters und des Mauls nach oben ziehen.

Aufgrund ihrer Größe und der Territorialität, die in beiden Geschlechtern deutlich ausgeprägt ist, müssen sie in einem entsprechend geräumigen Aquarium untergebracht werden.

Bei *Sicyopterus macrostetholepis* sind die Männchen ausgesprochen prächtig gefärbt. Bei der Balz und bei Revierstreitereien kommen die Farben besonders intensiv zur Geltung. Von einigen Experten wird *S. macrostetholepis* als Synonym für *S. lagocephalus* angesehen, eine genauere Bearbeitung bleibt abzuwarten.

Wie die anderen Arten aus der Unterfamilie der Klettergrundeln sind auch die Vertreter der Gattung *Sicyopterus* amphidrom und es gibt bislang keine Berichte über eine gelungene Vermehrung im Aquarium.

Sicyopus zosterophorus

ie zumeist farblich äußerst attraktiven Arten der Gattung *Sicyopus* gehören zur Unterfamilie der Klettergrundeln (Sicydiinae). Im Gegensatz zu vielen anderen Gattungen dieser Unterfamilie sind *Sicyopus* aber keine Aufwuchsfresser, sondern ernähren sich von kleinen Krebstieren, Würmern oder Insektenlarven. *Sicyopus zosterophorus* wird gelegentlich für die Aquaristik importiert. Diese sehr hübsche Art hat ein sehr weites Verbreitungsgebiet im Indopazifik. Im Aquarium bilden die Männchen Reviere und verteidigen diese energisch, vor allem gegen männliche Artgenossen. Ansonsten ist diese Art friedlich und auch gut mit gleichgroßen Fischarten zu vergesellschaften. Die Tiere sind sehr aktiv und schwimmen trotz zurückgebildeter Schwimmblase viel im freien Wasser umher. Sie bevorzugen ein Aquarium mit klarem, sauberem Wasser und stärkerer Strömung, dann kommen die Männchen auch farblich voll zur Geltung. *Sicyopus zosterophorus* ist amphidrom, die Nachzucht gelang bisher noch nicht.

Verbreitung: Westlicher Pazifik: Japan und China bis Neuguinea und Neukaledonien

Größe: 5,5 cm

Aquarium: 60 cm (Typ V)

Temperatur: 23-28 °C

Wasser: Süßwasser

Futter: kleines Lebend- und Frostfutter (Kleinkrebse, *Mysis*, *Artemia*, rote Mückenlarven)

Fortpflanzung: Typ A

Glossogobius flavipinnis

Gelbflossengrundel

Die indopazifische Gattung *Glossogobius* enthält in Brackwassergebieten lebende, amphidrome und ganz auf Süßwasser beschränkte Arten, von denen einige Gesamtlängen von mehr als 40 cm erreichen können. Die meisten dieser Grundeln sind bodenorientierte Lauerräuber.

In den Malili-Seen Sulawesis hat die Gattung mehrere endemische Arten hervorgebracht, von denen einige zeitweilig oder vorwiegend im freien Wasser schwimmen. Hierzu gehört auch die Gelbflossengrundel. Sie ist zwar die kleinste *Glossogobius*-Art der sulawesischen Seen, doch verhalten sich die Fische – besonders die dunkelbraun bis schwarz gefärbten Männchen – gegenüber Artgenossen so aggressiv, dass sich für ihre Pflege ein geräumiges Aquarium mit zahlreichen Höhlenverstecken empfiehlt.

Die Art ist, ebenso wie auch andere Grundeln der Malili-Seen, in ihrem Bestand bedroht. Sie wird in letzter Zeit allerdings häufig importiert. Die eingeführten Fische sind oft in einer schlechten Verfassung. Die Haltung der Grundel als Aquarienfisch ist nur zu rechtfertigen, wenn es gelingt, sie nachzuzüchten.

Verbreitung: Sulawesi, Towuti-See

Größe: 8 cm

Aquarium: 100 cm (Typ I)

Temperatur: 27-30 °C

Wasser: Süßwasser, warm und alkalisch (pH ca. 8,0-8,5)

Futter: Lebendfutter (erwachsene *Artemia*, *Mysis*, weiße und rote Mückenlarven)

Fortpflanzung: unbekannt

Fotos: F. Bitter

Rhinogobius zhoui.

Männchen von *Rhinogobius* sp. droht einem Rivalen.

Grundeln im Aquarium

Wasserwerte

Links:
Redigobius bikolanus ist eine sehr anpassungsfähige Art.

Rechts:
Brachygobius-Arten sind relativ unempfindlich gegenüber Wasserbelastungen.

Hinsichtlich der Wasserparameter sind viele Grundeln sehr anpassungsfähig. Was man nicht vermutet: Manche Arten, die in Meer- oder Brackwasser vorkommen, können auch in saurem, weichem Wasser leben. Ein Beispiel hierfür ist *Redigobius bikolanus*, eine kleine Grundelart mit sehr weiter Verbreitung im Indopazifik. Sie kommt in Mischwasserzonen, küstennahen Flussabschnitten und direkt ins Meer mündenden Bächen sowie in ausgedehnten Tiefland-Flusssystemen, aber auch weit stromaufwärts vor. Sie findet sich außerdem im Süßwasser von Seen und in regenzeitlich überfluteten Flussauen. Dementsprechend zeigt sie eine breite Toleranz hinsichtlich der physikalischen und chemischen Umweltbedingungen. In Australien (Queensland) wurde sie in Wasser mit pH-Werten von 4,5 bis 8,2, ei-

Bei der Pflege von Grundeln der Malili-Seen Sulawesis wie *Mugilogobius rexi* sollten die natürlichen Umweltbedingungen ihres Lebensraumes beachtet werden.

ner Leitfähigkeit von 6 bis 1036 µS/cm und Temperaturen von 12 bis 30 °C nachgewiesen. Manche Grundeln (z.B. *Brachygobius*, *Hemigobius mingi*) sind auch unempfindlich gegenüber einer starken organischen Belastung des Wassers und finden sich sogar in sehr verschmutzten Gräben und Kanälen.

Es gibt aber auch Arten, die einen eher engen Toleranzbereich zeigen und empfindlich auf Schwankungen der Umweltbedingungen reagieren. So sollte man zum Beispiel *Glossogobius*- und *Mugilogobius*-Arten aus den großen Seen Sulawesis bei hoher Temperatur (27 bis 30 °C), leicht alkalischem pH-Wert (ca. 8,0 bis 8,5) und in weichem bis mittelhartem, nitratarmem Wasser pflegen, ansonsten können sie heikel und anfällig für Krankheiten sein. Salztolerante Arten, die im Freiland auch in Süßwasser anzutreffen sind (euryhaline Arten), erweisen sich im Aquarium oft als robuster und langlebiger, wenn dem Wasser etwas Meersalz (ca. 3 g/l) zugefügt wird.

Aufgrund unterschiedlicher Ansprüche und Toleranzbereiche muss bei jeder Art individuell betrachtet werden, welche Wasserwerte für eine optimale Aquarienhaltung notwendig sind. Im Artenteil finden sich daher einige Hinweise zu den bevorzugten Wasserparametern.

Fütterung

Die meisten Grundelarten sind Karnivoren, benötigen also überwiegend tierische Nahrung in Form von Lebend- und Frostfutter. An Trockenfutter lassen sie sich oft nicht gewöhnen. Omnivoren und Arten, die sich vorwiegend von Pflanzenmaterial oder Detritus ernähren, wie *Dormitator*, *Awaous* oder *Gobioides*, nehmen dagegen gern Flockenfutter an. Zu empfehlen sind hier Futtermittel mit einem hohen Anteil pflanzlicher Proteine, doch sollten sie durch tierische Nahrung wie Mückenlarven ergänzt werden.

Bodenbewohnende (benthische) Arten fressen vornehmlich Nahrung, die sie auf dem Bodensubstrat oder in ihm und in Bodennähe antreffen. Sie wagen sich zum Beutefang zwar häufig auch in höhere Wasserschichten, reagieren aber oft nicht auf Futter, das auf der Wasseroberfläche treibt. Kunstfutter sollte daher vor der Eingabe ins Becken angefeuchtet werden, damit es sofort absinkt.

Die meisten Klettergrundeln (z.B. *Sicydium*, *Stiphodon* und *Sicyopterus*) sind spezialisierte Aufwuchsfresser, was dazu geführt hat, dass sie im Fachhandel häufig als „Algengrundeln" angeboten werden. Die von Aquarianern meist als störend empfundenen Faden- und Pinselalgen sowie blaugrüne Algen werden in der Regel jedoch verschmäht. Die natürliche Nahrung dieser Fische sind vor allem einzellige Kiesel- und Grünalgen sowie Bakterienkolonien. Sind keine oder zu wenige Algen im Aquarium vorhanden, nehmen die Grundeln auch bereitwillig tierisches Lebend- und Frostfutter sowie Futtertabletten an. Eine gute Möglichkeit zur Ernährung von Klettergrundeln ist es, einen feinen Futterbrei dünn auf einen Stein aufzutragen und trocknen zu lassen. Wird der Stein nun ins Aquarium gelegt, kann der Futterfilm von den Grundeln abgeraspelt werden.

Frostfutter

Oben: *Dormitator latifrons.*

Die einzige Art, die sich nach unserer Erfahrung tatsächlich als Algenvernichter eignet, ist die pazifische Fleckenschläfergrundel *Dormitator latifrons*. Sie weidet bei Nahrungsmangel sogar dicke Beläge von blaugrünen Schmieralgen ab, vertilgt oder beschädigt aber zuvor die übrigen Wasserpflanzen.

Foto: JBL

Futterflocken

Foto: D. Groebel

Vergesellschaftung

Klettergrundeln der Gattung *Stiphodon* sind besonders friedliche Grundeln und gut zur Vergesellschaftung mit kleinen Fischen oder Wirbellosen geeignet.

Bei der Vergesellschaftung mit anderen Fischen oder Wirbellosen ist zu beachten, dass räuberische Grundeln, insbesondere Lauerräuber, relativ große Nahrungsobjekte verschlingen können, oftmals größere Brocken, als dem Aquarianer lieb ist. Passen die Mitbewohner nicht ins Beuteschema der Grundeln oder umgekehrt, ist aber gegen eine Vergesellschaftung nichts einzuwenden. Es gelten die in der Aquaristik üblichen Bedingungen an die Mitbewohner. Sie müssen vor allem von der Größe her zusammen passen und ähnliche Ansprüche an die Wasserparameter und Aquarieneinrichtung stellen. Grundeln sind zudem meist territoriale Fische und oft Einzelgänger – zumindest gilt dies für geschlechtsreife Männchen – und dadurch haben sie einen gewissen Platzbedarf. Obwohl viele Grundeln recht ruppig sind, können sie sich dennoch gegenüber manchen territorialen Frei-

schwimmern, wie zum Beispiel den viel wendigeren Buntbarschen, oft nicht durchsetzen. In diesem Fall ist von einer Vergesellschaftung abzuraten.

Viele Grundeln sind behäbig und daher auch gegenüber anderen Fischen bei der Konkurrenz um Nahrung vielfach im Nachteil. Darauf muss bei der Fütterung besonderes Augenmerk gelegt werden, damit die Grundeln nicht zu kurz kommen.

Geeignete Mitbewohner für bodenbewohnende Grundeln sind Fische, die mittlere und obere Wasserzonen bevorzugen, z.B. Lebendgebärende, Salmler oder Barben. Von einer Vergesellschaftung mit Fischen, die denselben Beckenbereich besiedeln, wie Schmerlen oder Welsen, sollte man dagegen absehen. Grundelarten der mittleren und oberen Wasserschichten können indessen besser zusammen mit typischen Grundfischen gehalten werden.

Die friedlichen, algenfressenden Klettergrundeln (z.B. *Stiphodon*) lassen sich wunderbar mit Zwerggarnelen vergesellschaften, da sie diesen nicht nachstellen. Auch größere Garnelen, wie die Amanogarnele oder die Nashorngarnele, sind für eine gemeinsame Haltung mit klein bleibenden Grundeln zu empfehlen – aufgrund ihrer hohen Salinitätstoleranz auch im Brackwasseraquarium.

Die Vergesellschaftung von Grundeln unterschiedlicher Größe kann schnell schief gehen. In diesem Fall zwei unterschiedlich große *Rhinogobius*-Arten.

Foto: H. Hristov

Aquarieneinrichtung

Die Einrichtungsmöglichkeiten haben wir in fünf Beckentypen unterteilt, um den Bedürfnissen der verschiedenen Grundelarten gerecht zu werden:

Aquarien für solitäre Lauerräuber (Typ 1)

Solitär lebende, meist an einer geschützten Stelle auf Beute lauernde Arten (besonders Schläfergrundeln) zeigen häufig in beiden Geschlechtern eine dauernde Aggressivität gegenüber Artgenossen und anderen, ähnlich aussehenden Fischen. Das Aquarium sollte, um einen ständigen Sichtkontakt zu verhindern, unübersichtlich eingerichtet sein und dem Versteckbedürfnis dieser Grundeln entgegenkommen. Eine stellenweise dichte Bepflanzung, eine Schwimmpflanzendecke, ausladende Baumwurzeln, evtl. eine Laubschicht auf dem Boden sowie Verstecke unter Steinen, in halbierten Kokosnussschalen oder in Steinaufbauten mit geräumigen Höhlen an der Beckenrückseite verhindern einen ständigen Kontakt. Bei mäßiger Beleuchtung sind die oft lichtscheuen Fische tagsüber aktiver.

Die Schläfergrundeln der Gattung *Eleotris*, hier *E. fusca*, benötigen ein Becken für solitäre Lauerräuber.

Aquarien für frei schwimmende Schläfergrundeln (Typ II)

Abgesehen von Vertretern der Gattung *Mogurnda* sind frei schwimmende Schläfergrundeln relativ friedliche Fische. Das Aggressionsverhalten ist weitgehend auf die sexuell aktiven Männchen beschränkt. Hält man nur ein willkürlich zusammengestelltes Paar oder einige wenige Tiere auf begrenztem Raum, so kommt es häufig dazu, dass das stärkste Männchen seine Artgenossen pausenlos verfolgt, nicht laichreife Weibchen stark treibt und mit Bissen traktiert.

Bei der Haltung in einer Gruppe von acht oder mehr Fischen in einem geräumigen Becken verteilen sich die Angriffe, die Aggression ist hier aber auch insgesamt geringer (auch bei den oft ruppigen *Mogurnda*-Arten). Die Fische sind außerdem weniger scheu und schreckhaft als bei der Haltung von nur wenigen Individuen.

Sie leben im Freiland häufig in Zonen mit dichter Vegetation. Sie laichen im Aquarium offen auf festen Unterlagen (Steinen, Holzstücken, großen Pflanzenblättern) oder in Höhlenverstecken. Das Becken sollte genügend freien Schwimmraum, aber auch bepflanzte Zonen und geräumige Verstecke enthalten.

Frei schwimmende Schläfergrundeln: *Giuris margaritacea* (oben) und Mogurnda cingulata (unten).

Einige Arten der Gattung *Mugilogobius* schwimmen, obwohl sie etwas schwerer als das Wasser sind, gerne frei umher. Die hintere Körperhälfte hängt dabei etwas herunter. Hier *Mugilogobius chulae.*

Aquarien für kleine schwimmende Grundeln (Typ III)

Nicht strikt bodengebundene Grundeln der Familie Gobionellidae (*Brachygobius*, *Mugilogobius*, *Pseudogobius*, *Pandaka*, *Redigobius*) halten sich im Freiland bevorzugt inmitten oder in der Nähe aquatischer Vegetation oder Baumwurzel-Gestrüpp auf. Sind solche Verstecke im Aquarium vorhanden, zeigen sich die Grundeln schwimmfreudiger. Als Laichverstecke nehmen sie enge Hohlräume unter Steinhöhlen oder in Steinaufbauten sowie Plastikrohre, Muschelschalen oder Schneckenhäuser an. Ein kräftiger Filter ist meist nicht nötig; bei kleinen Arten reicht ein eingehängter, vereinzelte Blasen abgebender Luftschlauch.

Aquarien für bodenbewohnende Grundeln (Typ IV)

Bei strikt bodengebundenen Arten kann die Grundfläche eigentlich gar nicht groß genug sein. In kleinen Behältern setzt sich häufig das stärkste Tier (meist ein Männchen) durch und verdrängt seine Artgenossen in Randbereiche; schwächeren Männchen gelingt es dann oft nicht, Brutterritorien zu gründen.

Als Einrichtung empfiehlt sich ein großer freier Bodenraum, der durch aufragende, quergestellte Steine, pflanzenbewachsene Holzstücke oder Pflanzengruppen in Kammern eingeteilt ist. Auch zahlreiche niedrige Höhlenverstecke auf Bodenniveau (z.B. Steinhöhlen im hinteren Beckenbereich, große Muschelschalen, Plastikrohre) sind geeignet. Da das Versteck den Mittelpunkt eines Territoriums bildet, sollten die Höhlen Abstand voneinander haben und abgeschirmt sein. Empfehlenswert sind Rückzugsmöglichkeiten für unterdrückte Fische in Steinaufbauten im hinteren oder seitlichen Beckenbereich.

Auf einem Stein liegende *Rhinogobius* sp. beobachten die Umgebung (Beckentyp IV).

Klettergrundeln der Gattung *Stiphodon* sind typische strömungsliebende Grundeln (links: *Stiphodon ornatus*, rechts: *Stiphodon rutilaureus*).

Aquarien für strömungsliebende Grundeln (Typ V)

Die strömungsliebenden Klettergrundeln, die sich im Freiland vornehmlich auf Geröll und Felsen oberhalb des Flussgrundes aufhalten und in ihrer Mehrzahl mikroskopische Algen von deren Oberflächen abweiden, sind im Allgemeinen recht anpassungsfähige Fische, die es auch im „normalen" Gesellschaftsaquarium aushalten und eventuell laichen, hier aber gewöhnlich wenig von ihrem natürlichen Verhalten zeigen und oft recht träge sind. Lebhaft sind sie dagegen in einem den Gegebenheiten des natürlichen Lebensraums nachgebildeten Aquarium mit kräftiger Strömung (Kreiselpumpe, Stundenleistung das Mehrfache des Beckeninhalts) und glatten Steinen. Schichtet man Kieselsteine zum hinteren Beckenbereich hin aufeinander, so sind auch zahlreiche Hohlräume vorhanden, in denen von Artgenossen bedrängte Fische sich verstecken können. Im Bodenbereich sollten (eventuell abgestützte) Steine mit flacher Unterseite verwendet werden, die von den Grundeln unterhöhlt und als Nachtquartiere und Brutverstecke benutzt werden können. Auch bei schwachem Licht wachsen einzellige Kieselalgen (Diatomeen) gut. Sie werden von *Sicydium*- und *Sicyopterus*-Arten restlos abgefressen. Bei starker Beleuchtung bilden sich schnell Fadenalgen, die von den Grundeln nicht bewältigt werden können.

Buntes Männchen von *Stiphodon atropurpureus*.

Bestimmung des Geschlechts

Viele Grundelarten weisen einen stark ausgeprägten Geschlechtsdimorphismus auf, so dass sich Männchen und Weibchen anhand äußerer Merkmale wie Abweichungen in der Körpergröße, der Form der Flossen oder des Kopfes recht leicht unterscheiden lassen. Häufig liegen auch Unterschiede in der Färbung vor (Geschlechtsdichromatismus), die dauerhaft sein können oder nur bei fortpflanzungsbereiten Fischen markant hervortreten. Es gibt aber auch Arten, bei denen die Geschlechter lediglich durch genaue Betrachtung des Geschlechtsorgans (Genitalpapille) bestimmt werden können. Bei den Männchen ist es meist flach und etwas zugespitzt; bei den Weibchen rundlicher, am Ende breiter und oft fransig.

Weibchen von *Stiphodon atropurpureus* sind schlicht gefärbt mit dunklen Längsstreifen.

Einige Beispiele

In der Unterfamilie der Sicydiinae gibt es besonders häufig extreme Unterschiede der Färbung. Männchen sind in der Regel sehr farbenprächtig, während die Weibchen schlicht und unauffällig gefärbt sind (z.B. in der Gattung *Stiphodon*).

Auch bei den Arten der Gattung *Rhino-*

gobius sind die Männchen oft farbenprächtiger. Bei *Rhinogobius candidianus* sind die Farbunterschiede jedoch gering. Die Männchen werden größer, verfügen über eine deutlich längere erste Rückenflosse und besitzen einen massigeren Kopf und ein größeres Maul mit dickeren Lippen.

Ähnlich starke Unterschiede zeigen auch manche *Hypseleotris*-Arten (Familie Eleotridae). Die fortpflanzungsbereiten Männchen tragen nicht nur ein oft außerordentlich farbenprächtiges Balzkleid, sondern entwickeln auch eine Schwellung auf der Kopfoberseite und auf dem Nacken.

Rhinogobius candidianus (rechts: Männchen, links: Weibchen).

Bei Spitzkopfgrundeln der Gattung *Butis* ist die Genitalpapille der Männchen spitz und lang (links), bei den Weibchen dagegen abgerundet und kürzer (rechts).

Vermehrung im Aquarium

Bei den meisten Aquarianern kommt irgendwann der Wunsch auf, die gepflegten Fische auch zu vermehren. Spätestens wenn sie bei der Eiablage oder bei der Brutpflege beobachtet werden, stellt sich die Frage, was zu tun ist, um die Brut aufzuziehen. Bei der Aufzucht von Grundeln gibt es ein paar Besonderheiten, die wichtig sind.

Bei artgerechter Haltung (Wasserwerte, Platzbedarf, Versteckplätze) laichen die meisten Grundelarten bereitwillig im Aquarium, meist ohne dass eine Stimulation durch spezielle äußere Faktoren erforderlich ist. Wichtig ist vor allem ein guter Ernährungszustand. Will man dennoch etwas tun, um die Fortpflanzungsbereitschaft anzuregen, so hilft oft schon ein kräftiger Wasserwechsel, denn viele Arten sind typische Regenzeitlaicher. Bei ästuarinen Arten ahmt man die Regenzeit nach, indem auf eine Periode mit höherer Salinität eine drastische Reduktion des Salzgehaltes durch einen Wasserwechsel mit reinem Süßwasser folgt.

Brutplätze

Im Aquarium sollten geeignete Brutplätze vorhanden sein. Bei offen brütenden Arten können das große Kieselsteine oder Schieferplatten sein, auf deren Oberfläche

Männchen von *Rhinogobius rubromaculatus* beim Graben einer Bruthöhle.

Gelege von *Rhinogobius rubromaculatus*.

das Gelege angebracht wird. Häufig laichen diese Arten auch an den Scheiben des Aquariums. Höhlenbrütern müssen geeignete Bruthöhlen zur Verfügung stehen oder sie müssen die Möglichkeit haben, sich solche Höhlen selbst zu graben. Als Bruthöhlen geeignet sind in den meisten Fällen Spalten und Höhlen in Steinaufbauten, Tonröhren, PVC-Röhren, halbe Kokosnussschalen oder Ähnliches. Manche Arten nehmen vorgefertigte Höhlen nur sehr ungern oder gar nicht an, hierzu gehören einige Grundeln aus der Gattung *Rhinogobius*. Bei diesen Arten ist es erfolgversprechender, einen Bodengrund aus feinkörnigem Material zu wählen und darauf eine große Steinplatte, z.B. eine Schieferplatte, zu legen. Mit einigen untergelegten kleineren Steinen sichert man die Platte gegen ein mögliches Abrutschen. Nun können die Männchen sich die passende Bruthöhle selbst graben und diese – wie es z.B. bei manchen *Rhinogobius*-Arten der Fall ist – von innen bis zum Schlupf der Brut verschließen.

Aufzucht

Die Brutpflege des Männchens endet mit dem Schlupf, spätestens ab diesem Zeitpunkt sollte der Aquarianer die erforderlichen Maßnahmen ergreifen.

Es ist sinnvoll, das Gelege bereits kurz vor dem Schlupf in ein separates Aufzuchtbecken zu überführen.

Artemianauplius.

Von entscheidender Bedeutung für die Zucht sind die im Kapitel „Fortpflanzungsbiologie" geschilderten Unterschiede in der Entwicklung und die daraus resultierenden Ernährungsansprüche. Künstliches Aufzuchtfutter (staubfeines Trockenfutter oder Ähnliches) eignet sich generell nicht, um Grundeln in den ersten Lebenswochen zu ernähren. Als Erstfutter kommen nur lebende Futterorganismen infrage.

Die Arten mit direkter Entwicklung (Typ C) lassen sich in aller Regel leicht mit Artemianauplien als Erstfutter ernähren, die Aufzucht ist damit unproblematisch. Beim Typ B gibt es große Unterschiede in der Aufzucht. Bei manchen Arten sind die Larven groß genug (in der Regel ab ca. 5 mm Gesamtlänge), um gleich nach dem Schlupf Artemianauplien bewältigen zu können; auch hier gelingt die Aufzucht leicht (z.B. *Mogurnda*, *Tateurndina*). Sind die Larven beim Schlupf kleiner, sind sie dazu nicht in der Lage. Einige Arten mit kleinen Larven sind bereits erfolgreich gezüchtet worden, z.B. mit Rädertierchen der Gattung *Brachionus* (*Brachygobius doriae*, *Pseudogobius* sp., *Oxyeleotris marmorata* und andere) oder, wenn auch *Brachionus* zu groß ist, mit kleinen Wimpertierchen der Gattung *Euplotes* als Erstfutter. Bei vielen anderen Arten mit kleinen Larven ist die Aufzucht aber noch nicht gelungen.

Bei den Grundeln des Entwicklungstyps A ist die Möglichkeit der Aquarienaufzucht in den allermeisten Fällen noch völlig ungeklärt.

Rädertierchen *Brachionus plicatilis* im Größenvergleich mit einem deutlich kleineren Wimpertierchen aus der Gattung *Euplotes*. Durch die Anreicherung mit einzelligen Algen ist das Wimpertierchen grün gefärbt.

Die Larven von *Mugilogobius chulae* können mit *Euplotes* als Erstfutter aufgezogen werden. Die Larve auf dem Foto ist bereits 15 Tage alt.

Aufzucht amphidromer Arten

Neben der Frage der geeigneten Futterorganismen spielt bei den Grundeln, die zwischen Meer- und Süßwasser wandern, auch die Salzkonzentration des Wassers eine wichtige Rolle für eine erfolgreiche Aufzucht. Bei einigen Arten ist der Wechsel vom Süßwasser ins Meerwasser obligatorisch für die weitere Entwicklung der Larven und muss im Aquarium nachgeahmt werden. Die Larven zeigen sich dabei allgemein als unempfindlich gegenüber plötzlichen Veränderungen der Salzkonzentration und überstehen ein direktes Umsetzen vom Süß- ins Meerwasser. Die Überlebensrate früh schlüpfender Embryonen (Entwicklungstyp A) ist dagegen, wie experimentell an einigen Arten ermittelt wurde, höher, wenn sie in den ersten Tagen nach dem Schlupf in Brackwasser (ca. ein Drittel der Meerwasserdichte) gehalten und dann erst in Meerwasser normaler Salinität eingesetzt werden.

Bei manchen Arten reicht aber auch die Überführung ins Brackwasser und nicht zwingend amphidrome Arten können ebenso im Süßwasser aufgezogen werden, sofern geeignete Futterorganismen zur Verfügung stehen.

Diese Larve der Marmorgrundel (*Oxyeleotris marmorata*) ist fünf Wochen alt, frisst in diesem Stadium Artemianauplien und steht kurz vor der Umwandlung zur bodengebundenen Lebensweise.

Auch nach der Metamorphose schwimmen die jungen Marmorgrundeln noch gerne im freien Wasser (Alter: elf Wochen).

Krankheiten

Prinzipiell sind Grundeln Krankheiten gegenüber ziemlich widerstandsfähig, wenn sie artgerecht gepflegt werden. Da die meisten Arten sehr anpassungsfähig sind, nehmen sie dem Pfleger eine Unachtsamkeit nicht gleich übel. Die Anpassungsfähigkeit darf jedoch nicht so verstanden werden, dass man ihnen extreme Bedingungen auf Dauer zumuten kann. Der Halter muss sich ausführlich über die Ansprüche der jeweiligen Art informieren und eine optimale Haltung anstreben.

Treten dennoch Krankheiten auf, so kann man bei Grundeln auf die bei Zierfischen allgemein üblichen Behandlungsmethoden und handelsübliche Medikamente zurückgreifen.

Eine Ausnahme hinsichtlich der Anpassungsfähigkeit stellen einige Arten aus den Seen Zentral-Sulawesis dar. Sie gelten als empfindlich und reagieren rasch auf ungünstige Umweltbedingungen. Sie gehören in die Hand fortgeschrittener Aquarianer.

Foto: F. Bitter

Rhinogobius duospilus sind wie die meisten Grundeln wenig krankheitsanfällig.

Glossar

Amphidromie – eine Form der Diadromie, die nicht direkt mit der Fortpflanzung verbunden ist. Amphidrome Grundeln leben ab dem Jungfischstadium in fließendem Süßwasser und laichen hier ab. Die geschlüpften Nachkommen werden von der Wasserströmung ins Meer transportiert, wo sie ein pelagisches Larvenstadium durchlaufen, um danach wieder ins Süßwasser zurückzukehren

Anadromie – eine Form der Diadromie, die mit einer Laichwanderung aus dem Meer ins Süßwasser verbunden ist

Artendiversität – Artenvielfalt

ästuarin – im Flussmündungsbereich lebend, wo sich Süß- und Meerwasser vermischen

benthisch – am Grunde von Gewässern lebend

cryptobenthisch – bodenorientiert in Verstecken lebend

Detritivoren – Lebewesen, die sich vorwiegend von abgestorbenem organischem Material ernähren

Detritus – zerfallende organische Substanz, z.B. abgestorbene Pflanzen und Tiere

Diadromie – regelmäßige und gewöhnlich fest in der Physiologie verankerte Wanderung zwischen Süßwasser und Meer, die Fische und andere Wasserlebewesen in bestimmten Phasen ihrer Lebensgeschichte ausführen. Das Larvenstadium wird dabei in einem anderen Milieu verbracht als die hauptsächliche Wachstumsphase (Jungfisch- und Adultstadium)

epibenthisch – bodenorientiert, auf offenen Substraten lebend (z.B. auf freien Sandflächen)

euryhalin – innerhalb weiter Grenzen unempfindlich gegen Höhe und Schwankungen des Salzgehaltes

Geschlechtsdichromatismus – männliche / weibliche Individuen einer Art sind unterschiedlich gefärbt

Geschlechtsdimorphismus – männliche / weibliche Individuen einer Art weisen Unterschiede im Erscheinungsbild auf, die sich nicht auf die Geschlechtsorgane beziehen.

Herbivoren – Pflanzenfresser

Katadromie – eine Form der Diadromie, die mit einer Laichwanderung aus dem Süßwasser ins Meer verbunden ist

Karnivoren – Fleischfresser

Nekton – pelagische Organismen, die ihre Schwimmrichtung grundsätzlich auch gegen Strömungen ausrichten können

Omnivoren – Allesfresser

pelagisch – in der Freiwasserzone von Gewässern lebend

Plankton – pelagische Organismen, deren Bewegungsrichtung von den Wasserströmungen vorgegeben wird

Salinität – Salzgehalt

suprabenthisch – dicht oberhalb der Bodenzone lebend

Bildquellen

zur Abbildung der verwandtschaftlichen Gruppen im Kapitel Klassifikation (S. 11):

Rhycichthyidae
Boulenger, 1903, Proc. Zool. Soc. London 1903(2): pl.11

Odontobutidae
Fowler & Bean, 1920, Proc. U.S. Nat. Mus. 58(2338): fig. 2

Eleotridae
Starks, 1913; Leland Stanf. Jun. Univ. Publ., Univ. Ser.12: pl.9

Butidae
Herre, 1936, Field Mus. Nat. Hist., Zool. Ser. 21: fig.50;

Milyeringidae
Nach veritas Whitley, 1945, Aust. Zool. 11(1): fig.15

Stenogobius-Gruppe
Starks, 1913; Leland Stanf. Jun. Univ. Publ., Univ. Ser.12: pl.10

Mugilogobius-Gruppe
Jordan & Snyder, 1901, Proc. U.S. Nat. Mus. 24(1244): fig.5

Periophthalminae
Herre, 1927, Monogr. Bur. Sci. Manila 23: fig.3

Odontamblyopinae
Herre, 1927, Monogr. Bur. Sci. Manila 23: fig.2

Sicydiinae
Ogilvie-Grant, 1884, Proc. Zool. Soc. London 1884(11) : pl. 11, fig.3

Gobiidae
Playfair & Günther, 1866, Fishes of Zanzibar: pl.9, fig.1

Ptereleotrinae
McCulloch & Ogilby, 1919, Records of the Australian Museum 12, pl. 37, fig.1

Microdesmidae
Gilbert & Starks, 1904, Mem. Calif. Acad. Sci. 4: pl.31, fig.59

Kraemeriidae
Pietschmann, 1938, Bull. B.P. Bishop. Mus. (156): pl.16-A

Literaturempfehlungen:

Zeitschriften:
Aquaristik – Aktuelle Süßwasserpraxis, Dähne Verlag, Ettlingen.
Aquaristik Fachmagazin, Tetra-Verlag, Berlin.
Amazonas, Natur und Tier-Verlag, Münster.
Die Aquarienzeitschrift (DATZ), Natur und Tier-Verlag, Münster.

Bücher:
Schäfer, F. (2005): Brackwasserfische. Alles über Arten, Pflege, Zucht. Rodgau: Aqualog-Verlag A.C.S. (Aqualog special).

Aquarienatlas, Band 1-6, Mergus Verlag, Melle.

Dähne-Fibeln
informativ • kompakt • preiswert
www.facebook.com/
aquaristik.caridina
Grundel-Fibel
Moos-Fibel
Dekoratives Grün im Aquarium
Nano-Fibel
Algen-Fibel Aquarium
Diskus-Fibel
Aquarien-Fibel für Kids
Garnelen-Fibel
Aquascaping Fibel
Modernes Aquariendesign leicht gemacht
Schneckenbuntbarsch-Fibel
Hypancistrus Fibel
Die schönsten L-Welse im Aquarium
Malawisee-Fibel
Guppy-Fibel
Krabben-Fibel
Aquarientechnik-Fibel
Wie funktioniert's und was ist notwendig?
Aquarienfoto-Fibel
Fotopraxis und Bildbearbeitung
Pflanzen-Fibel
Schnecken-Fibel
Einsteiger Fisch-Fibel
Pflegeleichte und schöne Aquarienfische
Meerwasser Nano-Fibel
Nanofisch-Fibel
Zwerge für kleine Aquarien
Kampffisch-Fibel
Die Vielfalt der Farben und Formen
www.aquaristik-online.de
Dähne Verlag
Ich weiß.